現在進行形の福島事故

▼

事故調報告書を読む、事故現場のいま、新規制基準の狙い

日本科学者会議原子力問題研究委員会

本の泉社

はじめに

日本科学者会議が設立された1965年12月当時、商業用発電炉は1基もなかった。しかしその後、日本の原子力発電開発は国策として異常なスピードで進められ、2011年3月に福島第一原発事故が起こる直前には54基の商業用発電炉が稼働していた。青森県六ヶ所村では、商業用のウラン濃縮工場、低レベル廃棄物処分場、高レベル廃棄物貯蔵施設が操業を開始し、再処理工場も操業直前の段階にある。

1972年12月、日本科学者会議は原子力開発に関連する諸問題を整理し、「6項目の点検基準」(①自主的なエネルギー開発か、②経済優先か、安全優先か、③自主的民主的な地域開発を損なわないか、④軍事利用転用の歯止めはあるか、⑤労働者と地元住民の安全は確保されているか、⑥民主的原子力行政が保障されているか)を提起した。日本科学者会議は「6項目の点検基準」を基本に据え、一貫して日本の原子力開発のあり方を批判してきた。

1972年は、日本科学者会議の原子力問題研究委員会が発足し、第1回原子力発電問題全国シンポジウムが開催された年でもある。同シンポジウムはその後も開催され続け、2013年8月に第34回目の同シンポジウムが福島市で開催される。原子力問題研究委員会は、同シンポジウムに参集した科学者、住民運動の代表者、市民とともに日本の原子力発電開発をめぐる諸問題を総合的に明らかにする努力を続けてきた。

しかし、残念ながら福島第一原発事故は起こってしまった。同事故は世界の原子力開発史に残る大事故である。政府の「収束宣言」にも拘わらず、事故現場は建屋内に流入し続ける地下水対策と増え続ける汚染水対策に四苦八苦している深刻な状況にある。事故から2年半が経とうとしている今日でも、15万人余の福島県民が避難を強いられている。福島事故からわれわれは何を学ばなければならないのか。

2013年7月の参議院選の圧勝を受けて安倍政権が既設原発の再稼働と原発の海外輸出に傾斜している今日、二度と福島原発事故のような大事故を起こさないために、われわれは何をすればよいのか。福島原発事故から学び教訓を引き出す契機として本書が役立つことを願ってやまない。

野口　邦和

目　次

（表紙写真は東電資料より転載）

第1章 四つの事故調報告書の読み方

舘野　淳

1.　四つの事故調査報告書の成り立ちと特徴

2011年3月11日に発生した東北地方太平洋沖地震によって、東京電力福島第一原子力発電所の炉心溶融事故（以下福島原発事故）が発生した。一般の航空機事故などと違って、放射線のため現場の立ち入り調査が行われていないこの事故では、事故の最初の数十日間にいったい何が起こったのか、正確なことはいまだに分かっていない。事故から教訓を引き出す上で、徹底した事故原因（事故の経緯）の究明が必要なことはすべての事故に共通の鉄則である。しかしこの事故では、地震動による直接的な配管破断や冷却材の喪失などが生じたのか否か、2号機などの爆発の原因は何なのかなど、事故の基本的な点さえもが未解明のままである。

事故から2年以上を経た現在、人々の記憶や記録は失われ、物的証拠も次第に散逸・崩壊しつつある。こうした中で、不完全ではあるが、関係者への聞き取り調査も含めて積極的にデータの収集を行った複数の事故調査委員会の報告書は、事故の原因解明ひいては原発の今後のあり方を議論する上できわめて貴重な存在といえる。今後我々が事故の真相に少しでも近づこうと考えた時、先ず手がかりとなるのがこれら報告書類である。

しかし事故の複雑さを反映して、これらの事故調査報告書もまた、数百ページに及ぶ膨大なものである。専門用語が随所に使われており、一般市民が軽く通読するというわけにもいかない。そのため「事故報告書類の読み方」に関する本が何冊か出ている。(例えば、塩谷喜雄『「原発事故報告書」の真実とウソ』文春新書、2013年、日本科学技術ジャーナリスト会議『四つの「原発事故調」を比較・検証する』水曜社、2013年、筆者も報告書類が出た直後これら報告書類の内容を紹介した(舘野淳『シビアアクシデントの脅威』東洋書店、2012年)。しかし事故後2年を経た現在、報告書類が膨大なページの中で「一番何を言いたかったのか」をもう一度問い直してみるのも意味があろう。報告書を紐ときつつ事故を振り返ってみよう。

取り上げる事故調査報告書は以下の四つである。①**政府事故調**(東京電力福島原子力発電所における事故調査・検証委員会、畑村洋太郎、中間報告:2011年12月26日、最終報告:2012年7月23日)、②**国会事故調**(正式名称:東京電力福島原子力発電所事故調査委員会、委員長:黒川清日本学術会議会長、2012年7月5日)、③**民間事故調**(福島原発事故独立検証委員会、北澤宏一前科学技術振興機構理事長、2012年2月27日)、④**東電事故調**(福島原子力事故調査委員会、山崎雅男東電副社長、2012年6月23日)。

このほかにも調査報告書に類するものは例えば『FUKUSHIMAレポート』(FUKUSHIMAプロジェクト委員会、代表:水野博之、2012年1月30日)などもあるが、ここでは一応上記四報告書に限定し、その内容を紹介しつつ3.11事故の経緯を振り返ることとした。

日本科学者会議では原子力問題研究委員会のメンバーなどが中心となり「『福島事故報告書』検討委員会」を作り、四つの事故調査報告書に関して2012年11月20日に「事故調査報告書を検討する(中間報告)」を作成した。本章は上記検討委員会報告とは直接は関係ないが、内容的には共通する部分もある。

政府事故調─畑村「失敗学」の手法は生かされたのか

四つの報告書の中で一番早く公表されたのは政府事故調報告（中間報告）である。この委員会は2011年5月24日の閣議決定により設置された。内閣総理大臣により指名された畑村洋太郎東大名誉教授以下の10名のメンバーよりなり、加えて委員長の指名による２名の技術顧問を置いた。畑村氏はよく知られているように「失敗学」の権威である。「失敗は成功のもと」というように技術者は誰でも失敗事例の重要性を無意識に認識しているのだが、それをあえて「失敗学」と名付けて売り出した（？）ところに畑村氏のオリジナリティがある。同氏は「失敗学」に基づいてエスカレータや回転ドアの事故の調査をおこなって一般にも知られるようになった。

委員会の基本方針の第一項に「畑村の考え方で進める」と書いてあるように、この報告書は畑村「失敗学」の手法は存分に活用されたのだろうか。確かに、「委員長所感」などのような個人的ステートメントの部分には畑村氏の箴言《しんげん》がちりばめられており、畑村色が打ち出されているようにも見える。一方、上記宣言の後に「恣意的に進めるということではない。（中略）委員長である畑村以下、当委員会のメンバーの考えにしたがって、」とあり、これは調査要員として動員された官僚、学者などスタッフに対しての「主導権主張」宣言とも取れる。しかし畑村氏は後に「官僚にコントロールされた」という意味のことを雑誌のインタビュー記事で述べており、「畑村失敗学」は官僚文書の中に埋没してしまったといってよいのではないか。

さらに畑村氏および委員は「原子力の失敗の歴史」についてはあまり詳しくないようである（『原子力の社会史』の著者である吉岡斉氏が入っているが、それはあくまで社会史的観点であり、技術的失敗の歴史の専門家ではない）。その点、田中三彦氏のような原子力技術者が委員として参加している国会事故調の掘り下げと比較すると見劣りするのはやむを得ない。

「神は細部に宿る」という。本報告書において、事故経過の詳細については可能な限り、手抜きをせずに記述を重ねている。これでも不十分だという人はいるかもしれないが、その意味ではオーソドックスな事故調査の手法が生かされているように思われ、信頼がおける。

本報告書では政府がシビアアクシデント（SA）対策（アクシデント・マネジメントMA）を法的規制の対象とせず、事業者の自主規制に任せていた経緯を掘り起し、関係者の証言として「それをやって（法的規制を行った場合）過去の安全審査はどうなのか、既設炉にどんなインパクトがあるのかという部分を抜きにしては施策を考えられなくなってしまった。」「SA対策を規制要求とすると、現行の規制には不備があり、現行施設に欠陥があることを意味することになってしまい、過去の説明との矛盾が生じてしまうのではないかとの議論があった。」などという供述を引き出して、事業者と規制当局の談合によってシビアアクシデント問題を隠ぺいしてしまった経緯を明らかにしている。なお、報告書とは別であるが、SA対策隠ぺいの経緯は、2011年11月27日放映の「NHKスペシャル」シリーズ原発危機『安全神話―当事者が語る事故の真相』に当事者の話を基に詳しく描かれている。

もしチェルノブイリ原発事故の教訓を学んだヨーロッパや米国並みに、わが国でもシビアアクシデント対策が法規制として整備されており、これにしたがって遠隔操作でのベント機構や予備電源の整備、運転員の訓練（を含む非常用マニュアル）などが整備されていたならば、福島の惨事は緩和されていた可能性があった。

本報告がかなり詳しく取り上げている具体的技術問題の例を挙げると、原子炉水位計の誤作動・信頼性の問題がある。原子炉の炉心が水面から露出するとたちまち温度が上昇し、燃料の加熱・破損、ジルコニウム–水蒸気反応による水素発生、炉心溶融が始まる。危険がどのように迫っているかを知るうえで、原子炉内の水位を知ることはきわめて重要である。福島事故ではその原子炉内の水位が全くつかめず、事故の初期、1号機より2号機の方が危ないのではないかなどと誤った判断に基づいて対策を講じていた。実際には、1号機では電源喪失から数時間で炉心溶融が起きたのに対して2号機は3日ほどして溶融が起きた。とんでもない誤判断をしている。1979年に発生したスリーマイル島原発事故でも運転員の誤判断の原因が水位の問題にあった。このことからも事故の際の原子炉内の水位の問題は今後のSA対策でも重要なテーマとなると思われるが、本報告書は比較的詳しく水位計問題を取り扱っている。

最終報告書の末尾に「委員長所感」として、「ありうることは起こる。あり得ないと思うことも起こる。」「見たくないものは見えない。見たいものが見える。」と畑村「箴言《しんげん》」が書かれている。のど元過ぎればなんとやらで、「再稼働」への圧力が強まっている今日この頃、こうした箴《しん》言《げん》をかみしめてみるのも無駄ではないだろう。

この委員会の基本方針の一つに「責任追及は目的としない。」という一項がある。一般に航空機事故調査などでは、当事者が責任追及を恐れ口を閉じてしまい科学的原因究明が困難になる可能性があることから、警察などによる責任追及よりは科学的調査を先行させるということが主流となっている。しかしながら、単なるうっかりミスによる事故などとは異なり、本報告書も指摘しているような、シビアアクシデント問題の産官学癒着体制による隠ぺい、東京電力のシビアアクシデント軽視による事故対応準備や能力の欠如など、ある意味では「組織的犯罪」ともいえる事態を解明するためには、責任追及こそ必要なのではないか。事故を今後の教訓とする観点に立てば、「責任追及をしない」という本調査委員会の基本方針が桎梏《しっこく》となり、官僚作文的な単なる事実の羅列に終わったり、一般論的結論に帰着させたりしたところも目立っている。

国会事故調─地震動による直接破壊の重視

「東京電力福島原子力発電所事故調査委員会法」が2011年10月国会

で可決・施行された。この法律に基づいて立ち上げられた国会事故調は強い権限を持ち、必要ならば国政調査権の発動を国会に要請することができる。またある意味では原発推進政策を担ってきたという意味で事故の当事者・責任者である政府とは独立した立法機関の立場で、調査をおこなうという意味があった。委員としては、地震学者の石橋克彦氏、元日立の原子力技術者である田中三彦氏といった従来の原子力開発に関わる技術問題をよく知っている専門家を入れたことによって、特に事故の初期過程の分析などに関してたいへんツボを得た調査報告となっている。技術問題を中心に一冊だけじっくり読んでみようと思う方にはおすすめの報告書である。

この報告書の最大の特徴は、「地震後の津波によって全電源喪失が起き（冷却材を循環させるポンプ類が停止して）、これによって冷却機能の喪失・炉心溶融に至った」という、世間で通用している事故シナリオではなく、津波到達以前に地震動による配管などが直接破壊して冷却水が漏れ、その結果炉心溶融に至った可能性が強いと、強く主張している点にある。もし地震によって配管などが破損、冷却材喪失・炉心溶融に至ったとすれば、「千年に一度の津波による不運」などという言い訳はできなくなり、軽水炉の耐震問題に対する一層の抜本的見直しが求められることになる。その意味で、今後の原発の在り方を決める極めて重大な問題提起であり、本報告書はいろいろ事例を挙げて論証を試みている。一方、東電を初めとする他の三委員会は津波前に直接破損があったことを否定ないし、否定的に見ている。勿論、地震による破損の有無は科学的に検証・実証されなければならない。そこで国会事故調は2012年2月現地調査を東電に申し入れた。ところが東電は「原子炉建屋内は照明が消えていて真っ暗である」ことを理由にこれを断った。しかしその後これが嘘であることが判明した。このように「さりげなく」嘘をついて調査を妨害するような東電の態度には、誠実に事故の真相を追求しようという姿勢が認められない。姑息な態度は国民の一層の不信を深めるだけに過ぎない。

特別に立法してまで立ち上げた本委員会の結果を国会や政府がどのように受け止め今後に生かすかについて、国の機関は重大な責任を持っている。ところが報告書提出後１年近くも放置して、衆院原子力問題調査特別委員会は2013年４月にやっと黒川事故調査委員長らを参考人招致して議論を行った。原発再稼働を進めようとしている自民党政権が、原発の安全性に強い疑問を呈したこの委員会の結論や提言を、出来れば棚上げしようとしているように思われる。「政治」が「科学」を無視してことを運ぶ場合必ず災害が生じることは、歴史（原子力開発史）の示すところである（拙著『シビアアクシデントの脅威―科学的脱原発のすすめ』東洋書店、2012年、参照）。事故を心底から反省していない原子力関係者や一部政治家が再稼働に前のめりになりつつある昨今の動きに、多くの人が危うさを感じている。

産官学癒着体制について本報告書は「東電・電事連の虜になった規制当局」という言葉で表現している。また既存炉を大前提にしてこれに手を入れることを避けてきた状態を「日本の原子力業界は、規制する側も、規制される側も、客観的な知見を提出する役目の有識者でさえも、ほとんどすべてのプレーヤーが既設炉に依存していたわけであり、独立性と専門能力を両立させることがきわめて難しい『一蓮托生』の構造になっていた。」述べている。言いえて妙である。

新たに発足した原子力規制委員会もまた、「シビアアクシデント発生の可能性」という欠陥を抱える既設炉＝軽水炉の利用を大前提にして、その安全性について抜本的検討行わず、規制のハードルのみを設定ようとしている。「既設炉に依存」が繰り返されている。開発失敗の歴史―福島への道が今また繰り返されようとしているといっていいだろう。

民間事故調―世界の中の福島事故

北澤宏一前科学技術振興機構理事長を委員長として、元外交官、弁護士など6名の委員よりなり、「真実、独立、世界」をモットーに掲げる、純粋の民間の調査委員会である。福島事故が世界でどのように捉えられたか、どのような位置づけを持っているかを解明することに、力を注いでいる。ほかの三つの調査報告書が、事故の初期過程を中心とした技術問題に焦点を当ててまとめられているのに対して、本報告書はどちらかといえば事故の社会的影響に力点を置いたいわば「文系の」報告書という印象が強い。特に第3部「歴史的・構造的要因の分析」では、国策民営の矛盾が、産官学癒着の構造である「二つの原子力ムラ」(中央と地方)を生み、また「安全神話」を生む要因を作り出したことを歴史的に解明しようと試みている。(筆者のように原子力開発の現場に長年いて、研究者としての発言に対する弾圧事件を体験したものにとっては、やや物足りない面もあるが。)さらに第4部「グローバル・コンテクスト」では、事故情報の共有が欠けていることに対して、米国が日米関係の危機を感じて、協力の申し入れをしたことについて、政府内部でその真意をいぶかるような発言があり、こうしたギクシャクした関係が、日米関係の悪化つまり「日米同盟の危機」を引き起こしたという表現までを使っている。そして結局「日米調整会合」が立ち上げられたことによって米国の不信感は解消に向かったというエピソードを紹介している。

本報告書からやや離れるが、原子力の導入に際しては、政治的には「日米同盟の強化」という政治的背景があったことは広く指摘されている。(例えば、山崎正勝『日本の核開発』績文堂、2011年)さらに、米国の開発した軽水炉技術が、(筆者などの体験したように)批判的な研究者などの発言を抑圧しつつ導入・拡大してきたという事実がある。当然、日米同盟という政治的背景が、原発の安全にどのようにかかわっているかは極めて重要な問題であるはずである。日米基軸重視論者ともいえる船橋洋一氏を「プログラム・ディレクター」として発足した本調査委員会が、「独立」というモットーの下で、軽水炉技術の安全性と日米関係をどのように取り扱うかは興味あるところであったが、もちろん本書にはそのような視点での分析はなされていない。

日本科学技術ジャーナリスト会議の『四つの「原発事故調」を比較検証する』は「(民間事故調は）その資金源が明らかでないことによる、『信頼度の低下』が懸念されたが、委員の一人いわく『それは、われわれにも知らされていない。だからこそ、独立した見解が示せる』とした。」と述べている。勿論そのような事情によって、本報告書の「原子力ムラ」癒着構造の指摘などの価値が下がることはないが、わざわざ米国のチュー・エネルギー省長官と面談までして調査をおこなった本委員会が、上記「日米関係と原発の安全性」の問題を正面から取り上げなかったことは、大変残念である。

東電事故調—自己弁護のための報告書

東電副社長を委員長にいだき、東電社員で構成される本委員会はきわめてユニークな委員会である。津波の高さを予想できなかった点など若干反省を述べている部分もあるが、それを除けば、事故における本社での判断、現場での事故対応など、あらゆることに関して、自己弁護に終始している。勿論規制官庁に圧力をかけてシビアアクシデント対策を遅らせた点への反省など薬にしたくとも見当たらない。

しかしながら考えてみると今回の事故に関するほとんどすべてのデータは東電が握っており、信用できるかできないかは別として、福島事故データの集大成ともいうべきものがこの報告書である。放射線の影響という特殊な事情のため（一部上述のように東電による調査妨害もあるだろうが)、第三者の事故調査委員会による現場検証ができず、現場保存も行われていない今回のケースでは、批判派も推進派もこの東電のデータに基づいて論争をするより外にはないのである。その意味では事故を掘り下げようと思う人間は「熟読」しなければならない報告書である。

2. ミステリーとしての報告書の読み方

事故の被害のことを考えるならば、このような言い方は不謹慎というお叱りを受けるかもしれないが、一般論として事故の調査報告は、読者としても推理を重ねつつ読む、ミステリー（推理小説）に似ている。特にこの福島事故は様々な未解明の謎が存在する。最大の謎は国会事故調が投げかけた「地震による直接破損がメルトダウンにつながったか否か」という点である。しかしこのほかにも不明な点はきわめて多い。以下事故にまつわる未解明の謎をいくつか挙げてみよう。

地震動による破損の有無に関する謎

この問題は2011年3月11日14時46分に地震が発生（地震動か福島第一原発に到達）してから、15時35分に津波（第二波）が到達（東電のデータ、観測所は沖合1.5ｋｍにあるので、実際に原子炉施設に到達したのはその2分後、3時37分ごろと推定されている。）するまでの約50分間に何が起きたかという問題である。国会事故調はこの間に、地震動によって配管などに損傷が起き、そこから冷却水が漏れ出して、炉内の水位が低下、炉心溶融につながったと、かなり強く主張している。一方ほかの三報告書はこの考えに否定的である。

国会事故調は①1～4号機で基準地震動を超える激しい揺れが襲った、②1号機では記録中断後に大きな揺れが襲った可能性がある、③原子炉圧力の急激な低下は見られないので、大中口径破断は起きていないが、小口径の破断により小破口冷却材喪失がおきた可能性が大きい、④運転員の行動も地震による破断を疑っていたことを示している、などと述べている。④の例として、非常用復水器（IC、1号機に設置された電源不要の冷却系）の弁を運転員が手動で開けたり閉めたりするという不可解な行動をとり、これを東電は「冷却速度は1時間に55℃以下にする」と手順書に定められている規則を守るため止めた、と説明しているが、これに対して国会事故調は、「IC は冷却能力が高すぎて実際にはうまく使うことができない欠陥装置であったか、IC 系配管が破損したしたため 55℃ /h 以下の制限が守れなくなったかのいずれかであり」「東電の主張は明らかに自家撞着に陥っている。」と批判している。そして国会事故調は運転員に聞き取り調査をおこなった際の「私は『炉圧が下がっているので漏洩がないかを確認したい。（中略）一度止めて他に漏洩がないかも確認したいので、そういう操作を行ってもよいかと』当直長に確認した」という証言を引いて、手動停止は地震による配管等の破損を調べるためだったと、結論している。

国会事故調は非常用電源喪失をすべて津波のせいにしてよいのかという疑問も投げかけている。国会事故調は津波は第１波より高い第２波で１号機 A などの電源の機能が喪失したはずであるが、この電源は 15 時 35 分ないし 36 分に停止している。東電のデータでは津波の到着は 15 時 35 分としているがこれは 1.5㎞沖合での観測基地である、原子炉建屋に到着するのは 37 分ごろであり、そうだとすると１号機の非常用電源は津波到達以前に（地震動などの影響で）停止してことになる、と「非常用電源の機能喪失はすべて津波のため」とういう東電の説明に、これも疑問を投げかけている。

放射能放出ピークの原因にまつわる謎

図１は筆者が東電のデータからプロットした福島第一原子力発電所内のモニタリングポストでの放射線量の測定値である（初出：舘野淳『シビアアクシデントの脅威』）。これからもわかるように放射能はピークをなして放出され、それにしたがって線量も上がるのだが、これらのピークは人為的に行われた放射能放出つまりベントか、水素爆発など爆発による放出に対応づけられる。ところが、必ずしも対応のつけられないピークがある。例えば図の⑧ピークはどんな事象に対応するのだろうか。逆に東電報告書でベントが成功したなどと書いてあっても、対応す

図 1.1　敷地内空間線量率

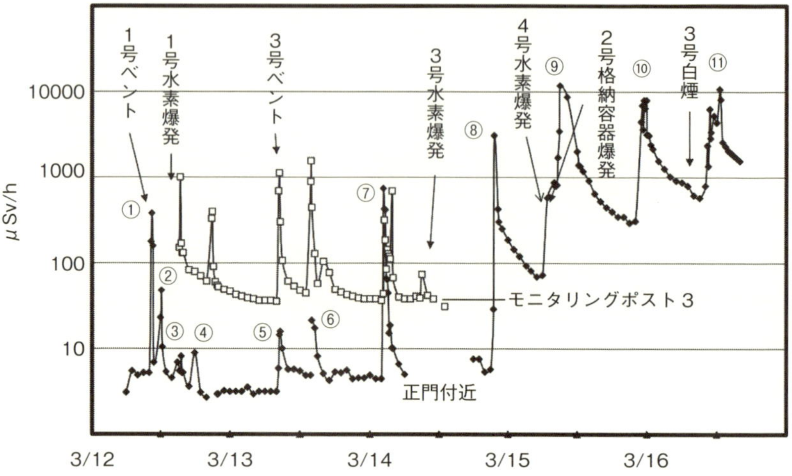

るピークが見当たらないものもあり、ことほど左様に、どんな操作が行われ、どんな事象が発生したのか、客観的データに裏付けられない事柄が多数存在する。報告書類を読んでいると、ベント操作もどれが成功し、どれが失敗に終わったのか、その正確な時間はいつなのかなど、判然としない事柄が多すぎる。

炉心溶融時刻の謎

炉心溶融の過程も判然としない点が多い。その例が炉心溶融の起きた時刻である。表 1.1 は東電のデータより作成したものである。まず事実関係で客観的に明らかなのは、津波到来時刻（ただし実際に建屋に到来した時刻については上述のように問題が残る）および水素爆発（2 号機は原因が必ずしも明確でない爆発）の時刻である。炉心の露出開始時刻（水位が燃料頂部に達した時刻）および全炉心露出（燃料底部に達した時刻）はいずれも計算より推定したものである。表 1.2 は、事故調査報告書ではないが、日本原子力研究所（およびその後身の日本原子力研究開発機構）で安全解析にあたっていた田辺文也氏の計算値を比較のため

表 1.1　炉心損傷推定時刻⑴〔東電報告書より〕

	1号機	2号機	3号機
津波到来	11日15時35分	11日15時35分	11日15時35分
炉心露出開始	11日18時10分	14日17時00分	13日9時10分
全炉心露出	11日19時40分		14日15時10分
水素爆発、爆発	12日15時36分	15日6時15分	14日11時01分

表 1.2　炉心損傷推定時刻⑵〔田辺文也著『メルトダウン』岩波書店より〕

	1号機	2号機	3号機
炉心露出開始	11日16時50分	14日16時20分	13日3時29分
全炉心溶融	11日19時30分頃	14日20時30分頃	13日5時20分

に引用した。定義が明確で比較可能な燃料頂部にまで水位が低下した時刻を比べると、1時間から6時間程度の差があることが判る。このように水位がどのように低下し、炉心溶融がどのように進んだかについては、いろいろ推定はされているが、その全容はほとんどわかっていない。ましてその溶融炉心がどのような形状であるか（大きな塊にまとまっているのか、微細な粒状になっているのかなど）全く不明である。

2号機・4号機爆発の謎

1号機、3号機が次々に水素爆発を起こす中で、2号機は格納容器が損傷せずに最後まで持ちこたえた原発である。しかし15日6時15分大きな衝撃音と震動が発生、この際大量の放射性物質が環境に放出され、これが飯館村方面の深刻な汚染につながった。2号機でほかの号機のように建屋が破損する水素爆発が生じなかった理由は、13日に起きた3号機の水素爆発の衝撃で建屋上部にある窓（ブローアウト・パネル）が吹っ飛んでしまい、そこから水素ガスが逃げ出し、天井部に溜まらなかったためと推測される。しかしそれでは15日の大爆発は何なのだろうか。

2号機の爆発に関してはどの調査報告書も何か明瞭でなく、奥歯に物が挟まったような書き方をしている。「同じころ（4号機建屋の爆発、

15日6時頃）2号機トーラス室（ドーナッツ状の圧力抑制室）においてもごう音が聞こえたとのことであり、その直後に正門における放射線レベルが、0.6 m Sv/h近くまで上昇している。」（国会事故調）「結局3月、15日1時台から、2号機原子炉圧力が0.5 MPa gage（5気圧）台を安定的に推移し、継続的に注水可能となったため、同日6時ごろ、爆発音がして、S/C（圧力抑制室）の圧力がゼロになる事態が発生するまで、吉田所長が退避指示を出すことなく（以下略）」（政府事故調。事態が安定的に推移しているのに、なぜ6時ごろ爆発が起きたのか。）

政府事故調の最終報告書は、「15日6時から同日6時12分にかけての頃に確認された異音は、4号機R/B（原子炉建屋）爆発によるものと考えられ、2号機のS/C（圧力抑制室）由来のものとは考え難い」と述べて、少なくともこの時刻に2号機の爆発があったことを否定している。この時2号機に爆発がなければ、飯館村方面を汚染した大量の放射性物質の放出はどの炉から出たのだろうか。

最近の新聞報道（2013年6月5日付け朝日新聞朝刊）によれば、3月16日（上記あったとされる「爆発」の翌日）原子炉内圧力を誤計算して、過大に見積もったため、注水量を減らしそのため過熱している炉心の溶融をさらに加速したのではないか、という疑問も出されている。

4号機は、地震の際定期検査中であり、全燃料は使用済み燃料プールに取り出されていた。したがって他号機のように炉心溶融・水素爆発のコースはありえない。それではなぜ爆発・火災が生じたのだろうか。国会事故調は「4号機原子炉建屋が爆発した理由は、3号機で発生した水素がSGTS系（非常用ガス処理系）を逆流して4号機原子炉建屋へ回り込み、原子炉建屋内が爆発性雰囲気となったところに、何らかの着火源が起因となって水素爆発を引き起こしたものと説明されている。しかし、3号機から逆流した水素のみで4号機原子炉建屋が爆発性雰囲気にまで到達するかどうかは慎重に検討する必要があり、かつ、いまだ立証されていないため、解析等による今後の検証が望まれる。」と述べているが、その通りであると思う。この４号機爆発は米国に「建屋が崩壊し燃料プールが壊れ内部の燃料の再臨界、溶融などさらに事態が悪化するのではないか」と大きな懸念を抱かせた。これを契機として「ホワイトハウスは日本側の要請を待つ姿勢から、より積極的に関与していく姿勢へと転換した。この転換には大統領自身の意向も反映されていたという。」（民間事故調）

電源不要の冷却系、IC・RCIC の謎

地震・津波により電源が失われる中で、１～３号機では電源不要の冷却装置が次々と立ち上がって炉心の冷却を開始した。日本でも最も古いタイプのBWR（沸騰水型炉）の一つである１号機では非常用復水器（IC）がこれに相当する。これは原子炉圧力容器内の圧力によって内部の蒸気を取出し、これを冷却系を通して水として再び圧力容器に戻すものであり、原理的には原子炉の圧力が高い限り冷却が続く。作動は弁の開閉によって行う。

２号機、３号機にはICがなく、隔離時冷却系（RCIC）および高圧注水系（HPCI）を備えている。いずれも原子炉圧力容器から取り出した蒸気で小型のタービンを回しポンプを駆動して炉内の水をくみ上げて冷却し再び元に戻す。このように駆動力は炉内の蒸気で電気は必要ないが、制御のための直流電源だけは必要である。これら電源不要の冷却系は炉心冷却のための最後の命綱ともいうべきものであった。電源不要の冷却装置までは設計者が想定した事態と安全装置であり、もしこれが運転を続けられればシビアアクシデント領域に入ることはなかったはずである。

１号機ではこの命綱というべきICを（地震と津波の間に）運転員が止めたり動かしたりした。東電の報告書はその理由を、運転手順書に定めてある冷却速度55℃ /h を守るためだと説明している。しかしこの冷却速度の制限は、あまり急速に冷却して機器などにひずみが生じたり破

損することがないよう平常運転時の規則として定められているものであり、炉心冷却が至上命題である緊急時に守るべき類の規則ではない。そうだとすると国会事故調が聞き取り調査の中で運転員から引き出した「地震による破損でリークが生じていないかを確認するためICを手動停止したのだ」という証言の方が信用できるような気がする。

津波襲来によって弁の開閉を示す表示も消えて、稼働しているかどうか確認できない状態になった（東電事故調）。結局津波の時点あるいはその以前に、ICは機能喪失状態となったようであるが（この点も謎）、その理由を政府事故調は津波により直流電源が喪失した際にフェイルセーフ機能（何かあった場合安全側に落ち着く機能）が働いてICの弁を閉止しこれによりICが止まったと結論した。しかし国会事故調はこのフェイルセーフ説はおかしいと異議を唱え、地震による配管破断箇所などから炉内の蒸気が漏れ、早い時点で水位が低下し炉心溶融が始まり、発生した水素ガスなどがICの循環パイプにつまり、循環冷却ができなくなった可能性があると推測している。ICがいつ、どのような理由で止まったかは議論が分かれ、真相は謎である。

2号機、3号機においては隔離時冷却系（RCIC）をいずれも手動で起動した。これらの冷却系はかなり長期にわたって運転を続けたが、2号機は14日13時25分ごろ原子炉の水位が下がっていることからRCICの機能が失われたと判断した。結局2号機のRCICがなぜ止まったのかは原因不明のままである。

3号機RCICは12日11時36分頃、ラッチと呼ばれる留め金の故障のため停止し、代わりに（水位低下の信号により）高圧注水系（HPCI）が運転をはじめた。HPCIは本来高圧にある場合に短時間に大量の水を注入するシステムで、流量が大きいため、流量を調節しなければ、原子炉水位が急上昇して、HPCIはすぐに停止してしまう。再起動をおこなうとバッテリーが消耗する。運転員は弁を操作して流量を絞り、作動させていた。しかし運転員はこのようなHPCIの運転を続けることに不安を抱き、原子炉を減圧することができればHPCIの代わりにディーゼル駆動消火ポンプによる注水が可能になると考え、HPCIの手動停止を行うことを当直長に許可を求め、OKを得たので13日2時42分手動で停止した。ところが原子炉を減圧するための逃がし安全弁は開かず、HPCIの再起動を試みたが、(多分バッテリーの残量不足のため）再起動できなかった。当直長らは吉田所長の許可を求めていなかったので、吉田所長など首脳部も知らない間に3号機も冷却手段を失ってしまった。

このように、曲折はあったがいずれも最後の安全装置である冷却系が機能喪失となり、事態はシビアアクシデント領域に突入していく。

シビアアクシデント対応としての消防車注水とベントの謎

このように冷却装置が機能を失いシビアアクシデントが目前に迫った時、現場が試みたのは消防車を原子炉配管につなぎこみ、消防車のエンジンを駆動力にして炉心に注水することだった。注水を行うためには上昇している原子炉圧力容器の圧力が下がらなければならない。原子炉圧力容器内部の蒸気は一定圧力以上になると自動逃がし弁（SR弁）が開いて、ドーナッツ状の圧力抑制室にためてある水の中に放出される。あるいはパッキンなどの隙間や（もし地震による破損があれば）破損した配管などから格納容器内に噴出する。この場合格納容器内の圧力が耐圧限界を超えて、格納容器の大破損が生じないように、格納容器からの放射能を含むガスの人為的放出＝ベントを行わなければならない。

消防車による注水について国会事故調は次のように述べている。「本事故では、消防車による注水が、溶融炉心を冷却し現在の『定常的に見える状況』を作り出すのに役立った唯一の注水系である。福島第一原発では、アクシデントマネジメント（AM）対策として、ろ過水タンクを水源とし、電動ポンプとディーゼル・ポンプからなる消火系の注水ラインから原子炉に注水できるシステムを平成14年までに設置していた。また、消防車による該当注水ラインへの注水口は、平成22年6月に設置された。本事故の起こる6か月前であった。これらの対策は本来、福島第一原発における消防・消火施設拡充を目的としたもので、今回のような事故を想定して行われたものではない。その意味で今回この注水系が役立ったのは偶然の幸運に見えるかもしれない。しかし、多重性、多様性を確保しようとする意図があったから、前述の注水口からも原子炉に注水できるようにしたわけであり、たんなる偶然の幸運ということではなかったと思われる。」溶融した炉心が現在よりもひどい状態にならなかったのはこの消防車注水のせいである。

消防車注水をもっと早期から始めるべきだったという指摘もある。(政府事故調)「11日17時12分ごろ、吉田所長は、1号機および2号機の原子炉への代替注水手段として、AM(アクシデントマネジメント)策による代替注水の検討に加え、既に、消防車を用いたFP(消火)系注水についての指示検討も出していた。」しかし実際に着手したのは12日2時から3時にかけてであった。このように着手が遅れたのは、①発電所対策本部および本店対策本部のIC作動状態に関する誤認識、②消防車を用いた注水作業をするグループが定まっていなかったこと、を挙げている。(政府事故調)

1号機について、前掲の炉心損傷時刻推定の表によると、11日20時(津波が到来してから4時間半後)頃までには炉心が完全に露出して溶融が始まっていたと思われる。22時ごろには建屋内の放射線量が1.2 mSv/h程度にまで急上昇、格納容器圧力も23時50分頃には、最高使用圧力(4.3気圧)をこえて5気圧に上昇していた。11日20時50分ごろから12日1時25分ごろまで原子炉への注水ラインを通してディーゼル駆動消火ポンプを用いて注水を行った。しかし上記時刻(1時25分)でポンプが停止したため、12日5時46分から消防車を用いた注水を開始した。一方住民の避難状況を確認したのち(東電報告書)、ベントのための作業を何回も試み失敗の後、14時30分に格納容器の圧力低下を確認、これによりベントがなされたと判断した。

事故発生の 11 日、一番心配されたのは２号機だった。「しかし、この時の１号機において起こった重大な状況の変化（IC 停止）が関係者の間で認知されずに十分に共有もされず、その代りに運転状況が不明となった２号機の RCIC に注意がひきつけられた。」（国会事故調）ところが復旧作業を行った結果、11 日 20 時 47 分に仮設照明が復旧、21 時 50 分に原子炉水位計を復旧、２号機水位は炉心上部より 3.4 メートル上であることを確認した。以後代替注水ラインの整備（11 日 21 時）、ベントラインの確認（12 日 17 時 20 分）を行った。RCIC は長期間運転を続けたが、14 日 13 時 25 分、原子炉水位が低下（原因不明）していることから、RCIC の機能喪失と判断。ベント作業を開始したが、弁がなかなか開かず、14 日 18 時分ベント成功、減圧開始を確認した。（東電事故調）14 日 17 時 17 分原子炉水位が炉心頂部にまで低下したことを水位計が示した。（このころから炉心の破損溶融が始まる。）このように水位が低下していった理由は次のとおりである。原子炉圧力容器内の蒸気が逃がし安全弁（SR 弁）を通して圧力抑制室の水に吹き込まれるが、大量の蒸気が吹き込まれると抑制室の水温は上昇する。この高温の水を代替注水ラインで原子炉に戻しても炉内の温度は下がらず、内部の水だけが出ていくことになる。（ヒートシンク問題。炉内の熱を捨てるための受け皿がない場合には、炉心を冷却することができない。３号機の圧力抑制室について、東電事故調は「切り替え作業時に圧力抑制室上部に足をかけた際に、運転員の靴が溶けた。」と述べている。）14 日 19 時 54 分上記消防車替注水ラインからか海水の注入を開始したが、上記「2号・４号機爆発の謎」にのべたように、15 日６時 14 分ごろ大きな衝撃音が発生、圧力抑制室が破損、圧力がゼロとなった。

３号機では前項（「電源不要の冷却系、IC・RCIC の謎」）で述べたように、13 日２時 42 分、高圧注水系を運転員が手動で停止したのち、再起動できなかった。そこで代替注水およびベントで対応することとなる。注水するために原子炉圧力容器の圧力を下げる必要があり、13 日 9

時08分にバッテリーをつないで、主蒸気気がし安全弁を操作し、これを開けた。13日9時25分消防車の代替ラインより注水を開始、13日9時24分、格納容器の圧力が低下して、ベントが行われたことを確認した。表1.1および表1.2　によれば3号機は13日3時ないし9時ごろから炉心が露出し始めたと推定されている。14日11時01分原子炉建屋で水素爆発が発生した。東電の報告書では、HPCIの手動停止、代替注水ライン始動、水素爆発の間の13日どのような経過で水位が低下し、炉心溶融が起きたのかあまり詳しい記述がなく、その意味では3号機の炉心溶融については一番謎が多い部分だといえる。炉心溶融後の冷却に際しても、3号機はなかなか温度が下がらず、不安定な状態が続いた。このあたりの理由も未解明である。

判断ミス、ヒューマン・エラーに関する謎—なぜ責任追及がなされないのか

誤判断、ヒューマン・エラーなどヒューマン・ファクターに関する謎は数多くある。しかし最大の謎は、事故後責任追及が全く行われていないことである。政府事故調、をはじめ各事故調は「責任追及を行わない」と宣言している。改めて責任追及を目的とした事故調査報告書が作成されてしかるべきであろう。

最大の責任者は、筆者も体験したように原発推進に批判的な科学者の声を弾圧、異論を排除しつつ開発を進める「産官学政」の癒着体制を歴史的に作り上げてきた一部指導者であろう。その歴史的経緯については筆者も『シビアアクシデントの脅威』（東洋書店、2012年）で触れたので、ここではその問題はおいておき、報告書類に取り上げられているヒューマン・ファクターについて簡単に触れることにする。

第一に、事故報告書が指摘した範囲内で言えば、最大の誤判断はシビアアクシデントが起きないとして、事態を隠ぺいしてしまった官僚と事業者である。先にも述べたように政府報告書は、政府がシビアアクシデ

ント対策（アクシデント・マネジメントMA）を法的規制の対象とせず、事業者の自主規制に任せていた経緯を掘り起し、関係者の証言として（法的規制を行った場合）「それをやって過去の安全審査はどうなのか、既設炉にどんなインパクトがあるのかという部分を抜きにしては施策を考えられなくなっていしまった。」「SA対策を規制要求とすると、現行の規制には不備があり、原行施設に欠陥があることを意味することになってしまい、過去の説明との矛盾が生じてしまうのではないかとの議論があった。」などという供述を引き出して、事業者と規制当局の談合によってシビアアクシデント問題を隠ぺいしてしまった経緯を明らかにしている。もしチェルノブイリ原発事故の教訓を学んだヨーロッパや米国並みに、わが国でもシビアアクシデント対策が法規制として整備されており、これにしたがって遠隔操作でのベント機構や予備電源の整備、運転員の訓練（を含む非常用マニュアル）などが整備されていたならば、福島の惨事は緩和されていたに違いない。

第二の責任者は、もちろんシビアアクシデントは起きないと誤判断をして、事故対応のための物質的準備はもちろん、社員の教育訓練やシビアアクシデントに対する心の準備をさせることを怠った、原子炉という危険物の取り扱いの責任者、つまり電気事業者の首脳部だろう。ある会社の幹部は「危険があると考えても、巨大組織の中にはそれをあえて言い出せない雰囲気がある。」趣旨の発言をしている。もしそうだとすれば、問題は大組織の中に埋没してあえて自分の意見を主張できない、「和をもってとうとしとなす」「空気を読む」日本的精神風土にあるのだろう。それならばそのような精神風土を重んじる日本では原発のような危険なエネルギー源は使わない方が良いのではないか。

第三に、首相官邸の介入から、電力会社の指揮命令系統に至るまで、危機に対応する組織の在り方が問題となった。危機対応のために作られた典型的な組織は軍隊である。チェルノブイリ事故の避難が比較的スムースに行われたのも軍隊を動員したからといわれている。旧ソ連の軍隊にとっては核戦争の実践訓練でもあった。今回の事故でも、自衛隊や米軍はその観点から見ているはずである。危機管理・指揮命令系統を強調すると、民主主義不在となりがちである。（民主的組織での危機管理ということもありうるとは思うが。）新規制委員会でも原子力施設のテロ対策を重視している。確かにテロ対策は必要だろうが、テロ対策を口実に市民への情報公開がおろそかにされる可能性も大きい。

原子力基本法には「自主、民主、公開」の平和利用三原則が明記してあるが、四つの事故調査委員会はどれもこの三原則には触れていない。危機管理というと上述のような上意下達式の指揮命令系統がとかく問題になりがちだが、これまでの事故隠しや安全問題に関する批判封じなど多くを見ると、民主主義の問題、透明性の問題の方が重要である。推進論者は「安全文化」などというが、誰でも危ないと思うことを自由に口の出して言える、民主主義の問題は触れようとはしない。日暮れて道遠しである。

調査委員会では官邸の介入、特に菅首相の言動が問題となった。確かに現場を混乱させたことはあるだろう。筆者は菅元首相の最大の功績は全原発の停止を命じたこと、ストレステストの実施を指示したことであると考える。全原発の停止が無ければ、現在新規制委員会が行おうとしている欠陥原発の停止さえできなかったのではないかと思う。またシビアアクシデント問題を究明・追及しようと思うならば今電力会社が提出しているような官僚作文でない、強いストレス領域での原発の挙動についての、実験を含めた真剣な検討が必要になると考える。

以上の外にも、事故現場からの「全員退避問題」はあったのかどうか、海水注入を巡る躊躇はあったのか、住民への情報伝達はどのように行われたかの検証、など多くの問題があるがここでは割愛する。

事故の教訓

一旦シビアアクシデントが発生すると、次々と想定外の事態が生じ、誤判断、誤操作が重なり、事故を食い止めることが困難なこと、この結果深刻な災害が広がり、多くの人たちの生命や生活を奪ってしまう。このことこそが、われわれが事実として体験した点が最大の教訓である。原子力規制委員会はシビアアクシデントに関する基準（新規制基準（重大事故）骨子）を提出し、これによってふたたび福島のような事故は起こらないとして（あるいはその確率は低いとして）、技術的欠陥商品である軽水炉を再稼働しようとしている。果たして安全装置が働かない（すなわち基準事故を超える）事故が発生した場合、ほんとに人手で対応できて、災害は避けられるのだろうか。現場の混乱の中で、それは不可能だという現実を目のあたりにしたのが、私たち日本国民である。一部専門家がいかに保障しようとも、それは信頼できないと言い切れること、これこそが高い代償を払って手にした教訓といえよう。

3.　四つの報告書の総合的比較

以上、各報告書の特徴を述べたが、全体的な比較検討はとてもわずかな紙数ではのべることはできない。そこで他の「調査報告書の読み方」文献も参考にしつつ、全体的な比較を表の形で示した。

四つの報告書比較表

項目	国会事故調	政府事故調	民間事故調	東電社内事故調
＜委員会正式名称＞	東京電力福島原子力発電所事故調査委員会	東京電力福島原子力発電所における事故調査・検証委員会	福島原発事故独立検証委員会	東京電力株式会社福島原子力事故調査委員会
＜公表日時＞	2012.7.5	中間報告：2011.12.26 最終報告：2012.7.23	2012.2.27	2012.6.23

項目	国会事故調	政府事故調	民間事故調	東電社内事故調
＜調査委員会の全般的特徴＞	開発の内情に明るい専門家が参加。地震による直接破壊が原因を強調。	事故初期過程の検証に努力。「畑村の考え方で進める」の宣言にも拘わらず、官僚主導で作成？	「世界の中の福島事故」を意識。スポンサーは非公表。	自己弁明に終始。しかし、生データは東電が握っている。
＜事故以前の問題＞ ・地震津波対策 ・規制当局の怠慢、SA 規制の問題点。	Mark I型（初期 BWR）の欠陥。老朽化題。土木学会津波評価部会の問題。	耐震指針改定、バックチェック、貞観津波検討経緯など詳細フォロー。	規制関係者のリスク認識の甘さ。	法令を守り、整備を実行。地震津波の規模が想定できなかった。
＜事故の直接原因＞ ・津波主因説 ・地震による破損	事故の主因を津波に限定すべきではない。地震による破損あり。	津波による電源喪失が原因。地震による閉じ込め機能の喪失は考えられない。	地震による破損は考えにくい。	地震による損傷なし。津波想定に甘さがあった。
＜事故の進行、現場での対応＞ ・地震津波の影響 ・注水操作 ・ベント遅れ理由 ・水位等計測問題 ・推定炉心露出開始時刻 ・水素爆発	・地震動起因の小破口冷却材喪失の可能性大。1号：津波到達前に電源喪失。津波到達時刻の誤り指摘。 ・IC 手動停止は、漏洩確認のため。 ・ベント訓練なし、図面類もなし。 ・2号圧力抑制室破損原因不明。	・津波による全電源喪失が事故原因。地震による損傷の可能性小について最終報告で詳しく検証。 ・上司の許可なく HPCI 手動停止詳細記述。 ・原子炉水位計の欠陥を詳しく検証。 ・水素爆発について最終報告で詳しく検討。 ・2号圧力抑制室破損原因不明。	・地震による破損は考えにくいが、さらに解析が行われることが望ましい。	・IC 手動停止は「温度変化 55℃／時」のマニュアル遵守のため。津波後、IC 弁はフェイルセーフで閉に。 ・住民避難確認等のためベント遅れ。 ・炉心露出開始 1号 11日 18:10 2号 14日 17:00 3号 13日 9:10

項目	国会事故調	政府事故調	民間事故調	東電社内事故調
＜放射能の拡散＞ ・SPEEDIの活用問題	ESSRの機能不全、SPEEDIの精度の限界などから、むしろSPEEDIそのもの有用性に疑問を呈している。大量の予算をかけたSPEEDIは住民の安心をかうための手段ではと指摘。	3月16日SPEEDI管轄、文科省→安全委員会。3月23日まで結果公表せず。どこに問題・責任があるのか、掘り下げ不足。（官僚作文的） ・ERSS機能不全でも、SPEEDIのデータが提供されていれば避難に活用できたと指摘。	SPEEDIの予測は実際の放射性物質の拡散とある程度合致。社会的に過度の期待が集まったため、政府の事故対応に不信を高める結果に。	記述なし。
＜事故対応システム＞ ・対策本部等の体制 ・「官邸」介入問題 ・東電「全面撤退」問題	・官邸と東電の意思疎通の欠如。3.15東電本店に統合対策本部立ち上げ。 ・介入は指揮系統、現場に混乱を生じた。 ・現場では全面撤退は考えず	・統合対策本部の設置は情報アクセスの改善からは評価できるが、必要情報は必ずしも東電に関わるものだけではないので、先例とすべきではない。 ・全面撤退を考えていたとは認められず。	・全面撤退はありえた。菅首相の行動を評価。	・全面撤退ではなく、一部作業者の撤退を考えただけ。
＜避難＞ ・避難指示の問題点 ・自主避難	・避難施策は混乱。防災対策への怠慢。 ・自主避難を促すのは政府責任の放棄。	・指示は地方自治体に迅速に届かず。	・24時間に4回異なる避難指示は混乱の原因。 ・自主避難は不安を与えた。	・避難指示を決めるべき立場でありながら、TVで政府発表を聞いて知る状態。

項目	国会事故調	政府事故調	民間事故調	東電社内事故調
＜情報開示問題＞	受け手側の視線を考えて、安全に関する情報は迅速に広く伝える必要がある。	保安院・東電のプレスリリースは事前に官邸の了解をとったが、これは緊急の場合には適切ではない。	政府の情報発信に対する国民の失望が深まった。	広報の具体的定めがなく、また事故内容を把握できなかったため、情報公開におくれ。
＜原発推進体制＞ ・産官学癒着 ・東電の体質、ガバナンス ・規制当局の組織的問題 ・法規制見直しの必要性	・事業者の虜となった規制当局。 ・東電はSA規制を経営上のリスクととらえた。規制庁を表に立てて、自らの責任回避。 ・規制当局＝独立性の欠如、透明性の欠如、専門性の欠如。	・SA対策を自主対応とした規制当局と電力との癒着を詳細記述。 ・東電は事故対応などで積極的思考欠如。事故徹底解明、再発防止姿勢の欠如。	・前例踏襲の官僚機構の問題。ステークホルダー関係の硬直化。安全神話と二つの原子力ムラ。 ・米国緊急事態管理庁のような組織必要。	事故の際、誰(政府、国、自治体、事業者）が責任を持ち、どのような対応を行うかを明確化する必要がある。
＜特徴的発言、時に強調していること＞	地震動による破壊が事故の直接原因の可能性大。東電は規制当局を虜としていた。	・ありうることは起こる。あり得ないと思うことも起こる。 ・見たくないものは見えない。 ・責任追及せず。	国策民営と企業体質、安全神話。 真実、独立、世界。	平成14年の不祥事以来、総力を挙げて法令順守、透明性確保に取り組んできた。

㈱ IC：非常用復水器（1号機にのみ設置、電源不要の冷却系)。

HPCI：高圧注水系（1, 2, 3号電源不要の冷却系。炉内蒸気でポンプ駆動。高圧に逆らって注水可能。)

SA：シビアアクシデント（過酷事故、設計者の想定した設計規準事象を大幅に超える事故。収束のための安全装置なし。)

SPEEDI：緊急時迅速放射能影響予測ネットワークシステム

ERSS：緊急時対策支援システム（SPEEDIに放射能放出データを提供する役割。)

第2章 原子力規制委員会の狙いと新規制基準に脱落しているもの

1. 新規制基準―シビアアクシデント問題を中心に

舘野　淳◀

1.1 規制委員会の狙い

原子力規制委員会は2013年2月に新規制基準（当初の名称は新安全基準）の骨子案をまとめ、2月7日～2月28日および4月11日～5月10日の二回にわたり意見募集（パブリックコメント）を実施、その結果をとり入れた形で、新規制基準案を提出した。現在提起された新基準は①新規制基準（設計基準）、②新規制基準（重大事故対策）、③新設計規準（地震・津波）の三者から成り立っている。これらは、規制委員会内の「発電用軽水型原子炉の新規制基準に関する検討チーム」および「発電用軽水型原子炉施設の地震・津波に係る規制基準委に関する検討チーム」によって検討が行われてきた。「発電用軽水型原子炉の新規制基準に関する検討チーム」（以下「検討チーム」）の中でなされた①、②に関する議論を追って、どこに規制案の問題があるかを探ってみよう。

本書執筆の段階で、これらは未完成な状態で提起されている。しかしながら規制委員会としては、形式的ではあるがパブリックコメントも経て、上記三者を規制の柱として、今後各地の原発に適用し、パスすれば再稼働を認可するという道を着々と準備している。田中俊一規制委員長はかって「ハードルは高い」と述べており、活断層上の原発、老朽化原発など「キズ」のある一部原発を削り落として、いわば身軽になった形で再出発を考えていると思われる。当然「削り落とされる」原発の所有者である電力会社との間に綱引きが行われるだろう。しかし、規制委員会も国民の信頼をかちとるために、かっての原子力行政のような「安易な」妥協を行うわけにはいかず、この綱引きはかなり熾烈なものになるだろう。しかし規制委員会の目的が瑕疵のある原発を除いて、残りをいわば救い出すことにあるならば、結局は「日本風の」落としどころを探ることになり、科学的議論に基づいて国民の安全が確保されたかどうかの議論は深まらないままで再稼働が開始されることになろう。

このような形での原発運転再開は決して国民の安全を守り、国土を汚染から守る道ではない。なぜならばそれは次の２点の議論が全く欠落しているからである。

① 現在用いている「軽水炉」というタイプの原発は本当に安全なのか。

② 原発利用の後に出てくる、使用済み燃料（あるいは高レベル廃棄物）の処分方法はあるのか。

こうした基本的な議論を抜きにして、現存の原発を前提にしたうえで、ひたすら「シビアアクシデント（「骨子」の名称では重大事故）を起こさぬようにする」、また「シビアアクシデントが起きた際の対応策を準備する」というのが新規制骨子の基本的スタンスであり全く不十分である。では軽水炉という私たちの使ってきた原発はどのような（安全上の）特徴を持っているのだろうか。

1.2　棚上げされた軽水炉の特徴「熱制御が困難な欠陥商品」

テレビなどで報道される福島事故の映像を見ていた多くの人は、荒れ狂うエネルギーの凶暴さを感じなかっただろうか。耐圧限界を超えて上昇する格納容器内の圧力、上昇する温度、水素爆発。食い止めるための手だてもなく、ただ見守るよりほかに方法がない。私はテレビの映像を見ながら、普段は効率よくエネルギーを提起して、人のために役立っているのだが、いざとなると凶暴な牙をむく猛獣のイメージを思い描いた。檻を破って大暴れする猛獣の行きつく先には大量の放射能の拡散という大災害があった。

何故原発（軽水炉）ではそのようなことが起きるのだろうか。それはあまりにも集中して、またあまりにも大規模に、エネルギーを発生しているからである。100万キロワット 原発の炉心はほぼ高さも直径も4メートルの大きさである。この小さな炉心の中で300万キロワットの熱が発生している（熱出力は電気出力の3倍）。これは一般家庭の平均の電気消費量約600万世帯分に相当する。言い換えると原発の炉心1立方メートルの体積の中で12万世帯分の電気消費量に相当する熱を発生し、これを大量の水（流量で言えば多摩川の10倍程度の水量）で冷却しつつ、その一部分を電気に変えているのが原発の基本的な構造である。原子炉を停止（核反応の停止）した後も出力の7%程度が崩壊熱として発生を続ける（徐々に減少するが）。この崩壊熱が事故収束を限りなく困難にしていることは、第4章に述べるとおりである。

運転中、あるいは運転停止直後に上記大量の冷却水が途絶えたら、ほんの数分の間に、炉心の温度は急上昇し、1000℃近くで水と燃料被覆管のジルコニウムが反応して大量の水素が発生、1800℃でジルコニウム合金の被覆管が溶融、3000℃でウラン酸化物の燃料ペレットも溶融というメルトダウンの過程をたどることになる。こうしたことは福島事故のような地震などによる電源喪失でも起こりうるし、あるいは地震や老朽化による配管破断などでも発生する。原子炉の設計者や安全問題の研究者はこのような事故—冷却材喪失事故（LOCA）が軽水炉の死命を制することをよく知っており、このため軽水炉には、緊急炉心冷却装置（ECCS）をはじめとして多くの冷却系が組み込まれている。よく原発が配管の「お化け」のようだなどといわれるが、配管の大部分はこうした冷却系なのである。

原発の設計者はこのように事故を想定して、例えば原子炉の核反応を止める『スクラム』系や、上述の緊急炉心冷却装置など安全装置を組み込んだ。このように設計者が想定して、したがってこれに対応する安全装置が組み込まれているような事故を「設計規準事故」と呼ぶ。そしてこの設計規準事故を超えるような事故、つまり設計者が想定しておらず、したがって対応する安全装置もないような事故を「シビアアクシデント（過酷事故）」と呼ぶ。シビアアクシデントが発生した場合は安全装置は付けられていないので、そこにいる運転員などが、ひたすら人手で対応するほかに事故収束の道はない。軽水炉の場合、（チェルノブイリ事故のように）核反応が止まらない暴走事故も起こりうるが、より大きな確率で上にのべた冷却材喪失事故という形でシビアアクシデントが発生するのは、福島事故が事実で「証明した」とおりである。そして冷却の失敗という形でシビアアクシデントが起きるのは、上述のように軽水炉の炉心が極めて高密度で熱を発生しているからである。この意味で、軽水炉はいつでもシビアアクシデントが起きうる「欠陥商品」と呼んで差し支えないのである。

規制委員会は「軽水炉は欠陥商品である」という本質を棚上げして、これをいかに安全に使うかという観点から新規制基準、特に②の「新規制基準（重大事故）」を作成した。これは国民の安全を保障する上で無責任な態度であるといわなければならない。新基準はシビアアクシデントにどう対応するかは決めてあるが「二度と福島のようなシビアアクシデントは起こしません」と約束するものではないのである。

1.3　新規制基準から消えたシビアアクシデントの文字

現在公表されている新規制基準はすでに述べたとおり三つの部分からなっている。これを、従来の安全審査指針体系と比較すると、①新規制基準（設計規準）骨子は旧指針の「安全設計審査指針」に対応し、③新設計規準（地震・津波）骨子は「耐震設計審査指針」に相当する。②新規制基準（重大事故）骨子は全く新しく設定されたものであり、旧指針には対応するものはない。図2.1からもわかるように立地審査指針など多くの指針は対応するものが未制定であるが、規制委員会はこの三本の規制基準を基に再稼働の審査を行う構えである。

これら審議中の基準骨子と、パブリック・コメントを取り入れた、「最終案」を見ると大きな違いが目に付く。それは、「検討チーム」の検討の段階では、②が「新規制基準（シビアアクシデント）」と書かれていたのが「最終案」では「新規制基準（重大事故）」となっていることである。そして基準中のすべてのシビアアクシデントという言葉が「重大事故」に置き換えられている。なぜこのような言い換えがなされたのだろうか。

福島事故のすべての事故調査委員会がシビアアクシデントの言葉を用いて、議論している。政府事故調や国会事故調は産官学癒着体制の中で、事業者や官僚が「シビアアクシデント」という言葉を忌み嫌い、この言葉が公になると、訴訟や立地工作の中で不利になるからという理由で表面化することを避ける目的で、シビアアクシデント対策の法制化を避け、事業者の自主規制に任せた経緯を明らかにしている。（事業者は

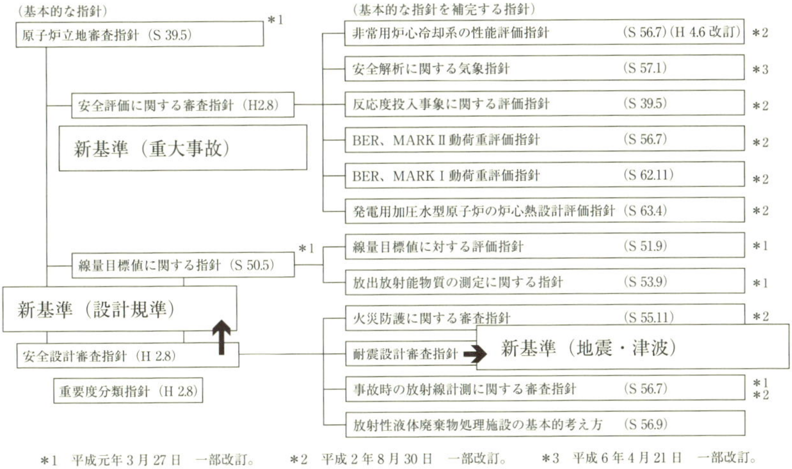

＊1　平成元年３月27日　一部改訂。　＊2　平成２年８月30日　一部改訂。　＊3　平成６年４月21日　一部改訂。

図2.1　新基準と旧基準（安全審査指針）の対応図

その自主規制さえもさぼり、いざという時のベント弁の開放さえ困難で、事故を拡大させる一因となった。）国際的にはチェルノブイリ事故以来、従来の多重防護策である三重の防壁から、シビアアクシデント時の対応策も含めた五重の防護が取り入れられるなど、シビアアクシデントという言葉は国際的にも広く使われている。規制委員会がもはや外部からの意見も十分に言えなくなる「土壇場で」このような名称変更を行ったのはきわめて不可解である。変更を議論した際の「検討チーム」の議事録を読んでも、その理由は全く理解できない。勘ぐれば、やはり事業者などの推進勢力から圧力がかかり、名称変更を行ったとしか考えられない。極めて不明朗である。

1.4　新規制基準の具体的問題点

水素爆発防止と放射能閉じ込めは二律背反

以下「検討チーム」の議事録を参照してどのような問題が議論されたか見ていくことにする。

福島事故でわかるように炉心温度が1000℃近くなるとジルコニウム—水反応が起きて、大量の水素が発生する。水素対酸素の割合が2：1になると点火すれば爆発的に反応し（爆鳴気条件）、水素が4%～95%で燃焼、つまり火災が発生する。「検討チーム」第7回会合ではこの水素問題が、時間をかけて議論されている。対策としては、触媒などを使って水素を燃やしてしまう水素濃度制御装置を使うか、あるいは外部に放出してしまうかである。水素濃度制御装置を用いても大量に発生し、建屋のあちこちにたまった水素をきれいに除去できるという保証はないし、また装置は地震で壊れるかもしれない。水素を追い出しかつ放射能を一緒に出さないためにはフィルターベントを行わねばならない。しかしフィルターベント装置これまでの経験があるわけではなく信頼性がどれだけあるかは不明である。このように水素問題は「放出と閉じ込め」という二律背反が付きまとい、検討チームの議論は長々と続いたが、当事者にとって自信のある結論が得られたようには思えない。

困難な発電所火災への対応

1975年米国のブラウンズ・フェリー原発で、運転中点検を行うために持ち込んでいたローソクの火がポリウレタンの貫通部シール材などに引火、ケーブル分配室が4時間、原子炉建屋は7時間燃え続けた。この火災で多くのケーブルなどが焼損し、炉心冷却が困難な状態となった。地震発生の際火災が発生することは柏崎刈羽原発の震災でも経験済みであり、断線によるショート、上記の水素ガスの爆発・燃焼など地震・火災の複合災害が生じる可能性はきわめて大きい。検討チームでは火災問題に多くの時間を割いており、第19回会合では電気事業者を呼んで、火災対策の実情についての聞き取りを行っている。これによるとケーブル類は制御系など重要なものも、そうでないものもまとめて束ねられ、配線されており、今となっては配線がどこを通っているかも不明な状態であるなど、とても対応できない状況が報告されている。

特定安全施設とは

規制委員会は重大事故が発生した際にこれに対応する施設として①可搬式設備と②恒設の設備を要求している。可搬式設備は、福島事故で原子炉の注水に用いられた消防自動車のように自走式のものも含めた移動可能な設備である。恒設の（代替）施設については地震などで一斉に機能喪失にならないよう「多様性」を強調している。しかし多様性を要求するということは、現在まで安全確保の大前提であった「単一故障指針」を否定することを意味する。「単一故障指針」とは「単一の原因（例えば地震）によって一つの機器が所定の安全機能を失った場合でも安全が確保されること（逆にいえば、一つの機器の機能の機能喪失だけを考えればよい）」を意味しており、従来安全審査などの大前提となっ

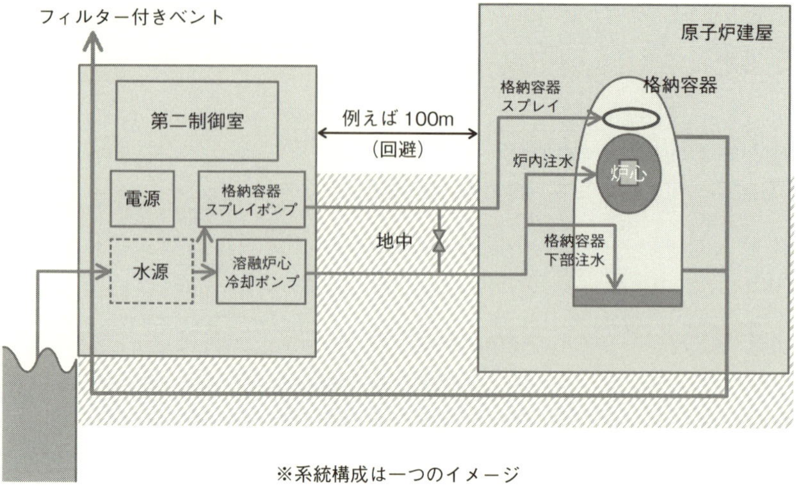

図 2.2　特定安全施設（原子力規制委員会資料）

ていた。これに対して地震のように一斉に多くの機器が影響を受ける「共通要因事故」ではこの前提は成立しないと、古くから米国の「憂慮する科学者同盟」などが批判してきた。なし崩しに多様性・多重性を導入するだけではなく原則の問題としても明確にすべきである。

規制基準には「特定安全施設」という言葉が出てくる。用語の説明では「意図的な航空機衝突等のテロリズム等により、炉心の著しい損傷の恐れが生じたか、若しくは、炉心の著しい損傷が発生した場合において、格納容器の破損による多量の放射性物質の放出を抑制するための機能を有する施設をいう。」とありいま一つ明確なイメージがわいてこない。図 2.2 は規制委員会の資料よりとったものであるが、どうも制御室、ポンプ、電源安全確保上重要なものをなどをひとまとめにして建屋に入れたものをいうようである。それならば特にテロ対策などを持ち出す必要はなくより安全性を高めたといえばよいはずであるが、テロ対策実施の言い訳に利用されている可能性が高い。これらの施設は、建設が当面先送りされる可能性が高い。

保障されない要求事故

「～すること」という要求事故が多くあるが、技術的にそんなことは可能なのかと首をかしげざるを得ないような問題も多くある。「有効性評価」という項目がありそれで保障されるというのかもしれないが、納得のいかない場合は事業者やメーカーに実験まで実施させて証明させることができるのか。例えば新規制基準（重大事故対策）骨子２－（18）「計装設備の要求事項の詳細」には「原子炉圧力容器内の温度、圧力、水位が推定できる手段を整備すること。」という項目がある。周知のように福島事故では全く炉内の水位が判らず、誤判断の原因となった。TMI 事故でも水位問題が絡んでおり、昔から原子炉水位計の不備は安全上の欠陥とされている。ちなみに図 2.3 は１～３号機に用いられている水位計の模式図である。炉外に一定水位を保つ基準面器を置き、この中の水と炉水との差圧を図れば、炉内の水位が判る仕組みである。しかし例えば炉内の水位が低下して炉側配管の位置より低くなれば、測定は不可能になる。ではどのような水位計をつければよいのか。

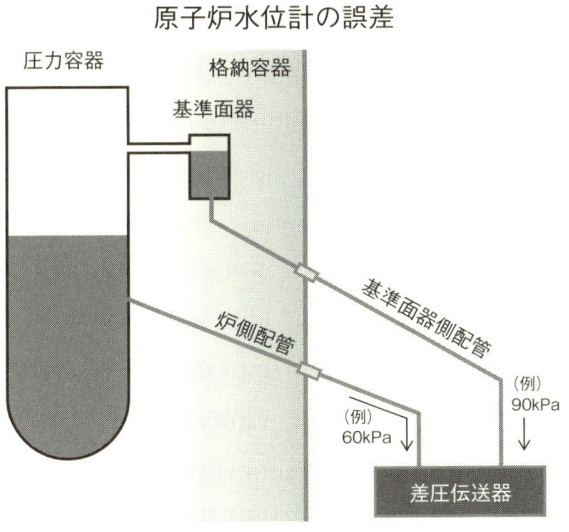

図 2.3　原子炉水位計（政府事故調報告書より）

このように規制基準では、は技術上の疑問点を残しながら、旧来どおり「～すること」と無責任な記述を数多く残している。

溶融炉心の処置

東電によれば始末に 30 ～ 40 年かかるというが、シビアアクシデント発生の際溶融炉心がどうなるかをまざまざと見せられたことは、今回の事故の最大の教訓の一つである。したがって福島事故に学ぶというのであれば、現存の原子炉に大改造を加えて、解けた炉心をより安全な場所に導く「コア・キャッチャー」のようなものを最低備えるべきである。ところが、新基準では格納容器下部に溶融炉心冷却のための注水設備の新設程度でお茶を濁している。また地下水問題への対応についても欠落している。現存炉を前提として、できるだけ早く再稼働に持ち込むという規制委員会の姿勢が露骨に表れている。

2.　新規制基準の耐震・耐津波安全性

立石　雅昭◀

2.1　福島原発事故の検証抜きの新基準

2013年4月22日、新潟県泉田裕彦知事は原子力規制委員長に対する要望書「原子力発電所の安全対策及び住民等の防護対策について」を提出するとともに、原子力規制庁池田克彦長官と面談し、これまでに県が提出した質問や要請に全く応えていない規制委員会に怒りを表明しました。また、事故の解明が進んでいないのに、新基準が策定できるのか、と言った根本的な問題意識を表明しました。この面談内容は岩波「科学」5月号に文字おこし（http://www.iwanami.co.jp/kagaku/20130422.html）される一方、our-planet-TV（http://ourplanetsv.ourplanet-tv.org/?q=node/1576）などで放映されています。

東京電力の柏崎刈羽原発を抱える新潟県では、知事が一貫して主張してきた「福島原発事故の検証がまず必要」との立場から、「柏崎刈羽原子力発電所の安全管理に関する技術委員会」において、政府・国会、民間・東京電力の各事故調の報告を踏まえた福島原発事故の検証を2年間にわたってすすめ、2013年3月29日にはその「中間的まとめ」を知事に報告しています。4月22日の県の要望書は、この「中間まとめ」とともに、2007年の中越沖地震による柏崎刈羽原子力発電所の複合災害を踏まえて、新潟県としてとりまとめたものです。新潟県技術委員会での検証に際し、筆者は基本的な問題として以下の点を指摘してきました。まず、検証案に明記するべき事項として「事故は収束していない」ということと「事故は人災である」ことを求めました。同時に、「中間まとめ」自体が、「安全神話」の復活・再生になっていないか、という「中間まとめ」の記述の流れに潜む基本的な問題も指摘しました。この点は原子力規制委員会による新規制基準つくりについても全く同じ構図となっています。あれこれの対策が列挙されますが、それらがクリアされた（適合した）からといって、原発が安全だというとらえ方は、福島事故の教訓とは相容れません。基本的な事故の要因・経緯が曖昧な中で、とられる対策は対処療法に過ぎないのであって、現時点の知見にもとづく想定を超える事態が起こりうることを銘記しなければなりません。

事故の基本的な要因と事故の進展過程について、四つの事故調査報告の内容が大きく異なり、なお未解明な中（日本科学技術ジャーナリスト会議編「徹底検証！福島原発事故　何が問題だったのか」：化学同人）で、新しい基準を策定すること自体、拙速と言わざるを得ません。

筆者は事故の要因と進展過程、又、複数号機が設置されている事による事故対応の課題、さらに事故時の県や自治体の役割がなお未解明であるとの立場から、新潟県の技術委員会で引き続き事故の検証を求めていきます。

2.2　規制委と新規制基準の基本的問題

原子力規制委員会は、2012年6月20日に成立した原子力規制委員会設置法に基づいて、9月19日、環境省の外局として発足しました。この発足に当たって、本来その委員は国会の承認が必要ですが、委員長をはじめ何人かの委員候補が原子力ムラ出身と言うことで、国会承認が先送りされた経緯があります。また、この設置法では原発の稼働年限を原則40年とする条項や、20年の稼働延長を認める条項などが盛り込まれ、規制委は原発再稼働のための組織であるという基本的欠陥を抱えています。さらに、規制委員会の目的に「国民の生命、健康及び財産の保護、環境の保全」のとともに、「我が国の安全保障に資すること」が書き込まれ、委員会事務を司る規制庁の初代長官には元警視総監がついたり、それまで原発を推進してきた経産省・文科省などからの職員とともに、警察庁・防衛省から移動した陣容でしめられています。こうした発足の過程を見れば、原子力規制委員会が時の政権や原発利権に群がる財界から独立して、本来の目的たる原発の安全管理、原発災害への対応などが正しく行われるよう、注視しなければなりません。

設置法では原子炉等規制法の改正も盛り込まれ、発足（施行）後９ヶ月以内に新しい法を策定しなければならないとされています。規制委はこの法のもとに、７月に向け、新規制基準の策定を急いでいるのです。

新規制基準骨子案に関する２月の意見公募は全く形式的なものとなってしまいました。原子力規制委員会はこの公募に対して出された意見をほとんど無視して、４月には原子力規制にかかわる膨大な政令・関係規則・内規案を作成、行政手続法などに基づき再度の意見公募を行いました。総頁3000頁を超える膨大な案件について、公募期間を５月10日までの１ヶ月間とするきわめて限定的で形式的なものでした（＊なお、発電用原子炉の運転の延長期間の上限を「20年」などとする施行令の改正案については５月末が期限。）。そして、７月18日には新規制基準として発効させようとしています。ここには、国民の強い関心事となっている原発の規制に係わる新しい基準案を広く周知し、国民的議論を深めていくという視点が全く欠落していると言わざるを得ません。新しい規制基準をできるだけ早く策定し、安全だと判断した原発を順次再稼働しようとする新基準つくりだと言わざるを得ません。なぜなら、現行の指針を厳密に適用するとともに、2007年の中越沖地震による柏崎刈羽原発の被災の教訓を生かして、すべての原発についてバックフィットを行えば、不適合な原発はいくつもあります。既に進められている敷地直下の活断層の評価もまさに現行指針で可能な調査と評価であり、こうした調査をすべての原発について行うことは可能であり、まず、これを行うべきなのです。

新規制基準は、現行指針を厳密に適用した全原発のバックフィットを進めつつ、福島原発事故の要因と事故の進展経緯についてのまとめを行った上で、国民的議論の中で策定されなければなりません。

なお、新規制基準案の基本的問題として、元東芝の原子炉格納容器設計者であった後藤政志氏が雑誌「世界」の５月号で「新安全基準は原発を安全にするか－放置される原子炉格納容器の欠陥」と題して、また、井野博満東大名誉教授が「週刊エコノミスト（2013.3.19 付け）」で「福島の教訓を生かしていない再稼働ありきは危険だ」の稿で分析されています。それらの論考を筆者なりに踏まえると、新規制基準の大きな問題として、①沸騰水型原子炉（BWR）の構造的欠陥を放置したまま、放射能の拡散を前提としたフィルター付きベントに依存するシビアアクシデント対策になっていること、②安全設計の基本的考えとして「単一故障基準」が相変わらず採用されていること、③事故の進展状況を把握するには欠かせない水位計などが、過酷な状況下でも正確に動作する装置への改良が行われないままであること、などがあげられます。ここで、これらの問題を簡単に説明しておきます。①の沸騰水型（BWR）の構造的欠陥というのは、格納容器の容量が小さいということです。本来、格納容器は原発の最後の砦ともいわれる「放射性物質を閉じ込める」機能をになっていますが、炉心損傷が起こると大量の水素が発生し、格納容器内の圧力が増し、そのために、特に格納容器の容量が小さい沸騰水型のマークⅠ型では爆発の危険が大きいことは従前から指摘されてきました。改良型というのはさらに容量が小さくなっています。爆発を避けるためにベントするというのは、例え、フィルターが機能しても、せいぜい 1000 分の１に低減するに過ぎず、大量の放射性物質の放出を認めることであり、放射性物質を閉じ込める機能を放棄することです。少なくとも、格納容器の容量を２倍にして、次の手が打てる余裕を生み出す設計が必要です。②の「単一故障基準」とは、原発の安全性は多層・多重防護の考え方を基本としていますが、設計上の基準としては「単一故障基準（安全機能を持つ装置や機器が、外的要因等によって単独で故障するとするとらえ方）」が採用されてきましたが、福島事故では地震・津波によって同時に複数の機器が損傷し、機能を停止しました。新基準では電源喪失による同時多発的な故障を考慮するよう求めていますが、電源以外では多重故障を考慮していません。③は原子炉内で何が起こっているかを把握し、事態の進展を知る上で、水位、圧力、温度などを測定する装置は、高温、高圧下の厳しい環境でも正常に機能する装置が必須です。事故の進展時はもとより、事故後もたびたびこれらの計装装置が異常をきたしていると東電自らが認めています。過酷な条件下でも正常に作動する計装装置の開発は、原発の稼働に際しての必須の要件です。

これらの基本的問題を見れば、この新規制基準つくりが、福島原発事故の分析が不十分なままで進められ、再稼働を急ぐ対処療法に過ぎないことがみてとれます。

章末に、新規制基準案のなかで、対応を５年間猶予するとしている項目を示します。原発再稼働の条件にこうした猶予を設けること自体、この基準が再稼働のためのものと言われるゆえんです。

2.3.　地震・津波に関する新規制基準案の問題

２月に意見公募の対象となった新規制基準の骨子案は重大事故対策と設計基準、地震・津波の３つからなっていました。４月の意見公募では、これらの規制基準（案）と同時に、「敷地内及び敷地周辺の地質・地質構造調査に係わる審査ガイド（案）」「基準地震動及び耐震設計方針に係る審査ガイド（案）」「基準津波及び耐津波設計方針に係る審査ガイド（案）」など、耐震・耐津波の調査や設計に係わる審査の際の手引き案が含まれています。

地震・津波にかかわる原発の安全性について、これらの規制基準（案）と審査ガイド（案）で、2006年に28年ぶりに改定された「耐震設計審査指針」に比して、どういう点が前進したか、課題は何か、を検討します。

基準地震動の見直しと活断層の連動性

規制委員会の動向の中で、次に述べる敷地内活断層に関する現地調査がメディアでも大きく取り上げられ、国民の注目を集めています。しかし、原発の耐震安全性にかかわって最も重要な点は基準地震動をどうするかです。基準地震動は原子炉建屋などの重要構造物の耐震設計の基礎となりますが、この基準地震動の算定に当たって、新規制基準案で取り立てて新しい内容が盛り込まれたわけではありません。2006年の新耐震設計審査指針策定後、電力事業者から提出された既存原発の基準地震動Ssは、設計・建設時の基準地震動S2を大きく上回りました。例えば、柏崎刈羽原子力発電所では旧基準地震動450ガルに対して新基準地震動Ssは2300ガル、浜岡原発では旧基準地震動600ガルに対して新基準地震動Ss800ガル、福島第1原発では旧基準地震動370ガルに対して新基準地震動600ガル、などです。しかし、新たに設定された基準地震動Ssに対して、原子炉格納容器や建屋は、S2に対して余裕を持って設計され、シミュレートすると安全性は保たれているとの理由で取り立てて耐震補強は不要とされ、一部原発で配管系や排気筒などが補強されるにとどまっていました。福島第1原発ではこうした補強さえ行われていなかったのです。基準地震動Ssに基づく重要構造物の耐震安全性の検証はすべての原発に関してあらためて行わなければなりません。

基準地震動を算定する上で、原発に最も大きな影響を及ぼす震源断層の評価が重要です。新耐震設計審査指針後の基準地震動算定の際にも、震源断層の値切りや過小評価が行われています。新指針にうたわれた変動地形の形成過程に関する十分な説明もないまま、当時の調査・解析方法を絶対視して、震源断層を短く見積もっています。建設中の青森県大間原発、北海道泊原発、青森県六カ所村核燃サイクル施設をはじめ各地の原発で震源断層の過小評価が疑われています。

この点では、原子力安全・保安院は東北地方太平洋沖地震を受け、全電力事業者に断層の連動性の評価を指示しました。しかし、現状ではこの活断層の連動性について明確な基準が確立されていません。関西電力大飯原発のように科学的根拠もなく連動性の評価を不要としたり、東京電力柏崎刈羽原発のように100万年に一回といった確率論的連動評価で、不要と判断する例などが出ています。

後述する活断層の定義ともかかわって、あらためてすべての原発の基準地震動の妥当性の評価と、それに基づく機器・配管系を含む構造物の安全性の評価が必要です。

敷地内活断層の評価

東北地方太平洋沖地震の余震で、東京電力が「活動性無し」と評価していた断層が地表地震断層として動いたという事実を受け、原子力安全・保安院は、全電力事業者に敷地内断層の活動性について報告を求め、その報告を「地震・津波に関する意見聴取会」で検討しました。その結果、関西電力大飯・高浜原発、日本原電敦賀原発、北陸電力志賀原発、東北電力東通原発、原子力研究開発機構「もんじゅ」の６つの原発については、現地調査が必要と判断し、その結果を受けて、規制委員会は発足後相次いで、これらの原発の敷地内活断層について専門家による調査を進めてきました。現在、大飯、敦賀、東通の三箇所について調査が行われ、敦賀と東通については敷地内断層が活断層である可能性が高いと評価される一方、大飯については断層の成因をめぐる科学的論争が継続されています。引き続き、志賀・高浜・もんじゅについても事業者からの報告を待って調査が行われるでしょうが、原子力安全・保安院の意見聴取会で調査の必要性が指摘され、40万年という活断層の新しい定義に沿えば、敷地内断層が明らかに活断層となる柏崎刈羽原発や浜岡原発などについても、現地調査を行い、厳密な評価が行われるべきです。

基準津波について

福島原発事故が直接的には地震動によって機器・配管の微少な損傷にあったか否かはまだ解明されていませんが、事故が拡大していく上で、津波による全交流電源喪失にあったことは明らかです。この津波事象への対策は、2006年の新耐震設計審査指針で初めて盛り込まれましたが、そこではあくまでも地震に伴う随伴現象への対処ときわめて限定的な記述に終わっていました。新規制基準では「基準津波」の概念が導入されていますが、「新基準」や「審査ガイド」をみても、必ずしも明確な算定基準が示されていません。2006年の新耐震設計審査指針で対応を求められた津波の算定方式が、2002年の土木学会津波評価技術にあったことはよく知られていますが、東北地方太平洋沖地震に伴って発生した巨大津波の科学的解析が途上であることから、いまだ、この評価技術を改定し、新しい基準に盛り込む段階にないのです。ここでも、新基準策定が拙速に進められている過程が見えてきます。津波の算定方法が未確立であれば、既往最大で対応を求めることもやむ無しだと思いますが、こうした点も曖昧にされたままです。

曖昧さを特徴とする審査ガイド

基準地震動及び耐震設計方針にかかわる審査ガイドは審査基準が不鮮明なままであり、ガイドになっていません。これらのガイドでは［適切な」手法で、とか、「適切に」評価、「適切に」設定、と言った［適切］という用語が何10回と繰り返されています。「適切」と判断する基準は何かを明示しなければ、委員会審議が不透明になってしまいます。

2.4. 科学的議論を装った推進派の巻き返し

新しい規制基準（案）と審査ガイド（案）の検討過程で、骨子案として盛り込まれた「活断層の直上には重要構造物の建造や認められない」という項目に関連して、事業者からの「断層による変位が小さく，適切な解析手法を選択すれば，現状でも断層変位に対する設計可能」とする意見に対して、委員から、「ずれや変位の照査結果に基づいて判断するべし」、「変位が小さければ工学的な対応が可能」、あるいは「不確かさを工学的に判断するという考え方を貫くべき」と言った意見が繰り返えされていることです。活断層の活動年代等の課題もありますが、仮に活断層があっても対応できるとする意見は、科学や技術の現状を無視した安全神話の復活以外の何者でもありません。

新規制基準において新たに要求する機能と適用時期

新たに要求する機能		対策の例示（これと同等以上の効果を有する措置が求められる）	
耐震・対津波機能（強化される主な事項のみ記載）	基準津波により安全性が損なわれないこと	基準津波の策定、防潮堤や防潮扉の設置	
	津波防護施設等は高い耐震性を有すること	防潮堤や敷地内の津波監視施設の耐震性確保	
	（活断層評価にあたり必要な場合40万年前まで遡ること）	必要な場合には断層の活動性を詳細に調査	
	（基準地震動策定のため地下構造を三次元的に把握すること）	起震車等を用いた地下構造調査	
	（安全上重要な建物等は活断層の露頭がない地盤に設置）	（安全上重要な建物等は活断層の露頭がない地盤に設置）	
重大事故を起こさないために設計で担保すべき機能（設計基準）（強化される主な事項のみ記載）	火山、竜巻、外部火災等により安全性が損なわれないこと	火山、竜巻、外部火災等による影響の評価、必要な改造、手順書整備、訓練	
	内部溢水により安全性が損なわれないこと	内部溢水による影響の評価、必要な改造、手順書整備、訓練	
	内部火災により安全性が損なわれないこと	火災発生防止、検知・消火、影響軽減に必要な改造、手順書整備、訓練	
	安全上重要な機能の信頼性確保	安全上重要な配管等の多重化	
	電気系統の信頼性確保	外部電源2回線の独立、開閉所や非常用DG燃料タンクの耐震性確保等	
	最終ヒートシンクへ熱を輸送する系統の物理的防護	海水ポンプの物理的防護等	
重大事故等に対処するために必要な機能（全て新規要求）	原子炉停止機能	ほう酸水注入設備、手順書整備、訓練	
	原子炉冷却材高圧時の冷却機能	RCIC等起動に必要な弁操作のためのバッテリー配備等、手順書整備、訓練	
	原子炉冷却材圧力バウンダリの減圧機能	減圧用の弁操作のためのバッテリー配備等、手順書整備、訓練	バックアップ対策として、特定安全施設（仮称）（恒設）を設置
	原子炉冷却材低圧時の冷却機能	恒設注水設備設置、可搬式注水設備配備、手順書整備、訓練	バックアップ対策として、特定安全施設（仮称）（恒設）を設置
	事故時の重大事故防止対策における最終ヒートシンク確保機能	車載代替最終ヒートシンクの配備、手順書整備、訓練	
	格納容器内雰囲気の冷却・減圧・放射性物質低減機能	格納容器スプレイ代替注水設備の配備、手順書整備、訓練	バックアップ対策として、特定安全施設（仮称）（恒設）を設置
	格納容器の過圧破損防止機能	格納容器フィルタ・ベント設備の設置（BWR）、手順書整備、訓練	バックアップ対策として、特定安全施設（仮称）（恒設）を設置
	格納容器下部に落下した溶融炉心の冷却機能	格納容器下部注水設備の設置、手順書整備、訓練	バックアップ対策として、特定安全施設（仮称）（恒設）を設置
	格納容器内の水素爆発防止機能	水素濃度制御設備の設置（PWR）※、手順書整備、訓練	バックアップ対策として、特定安全施設（仮称）（恒設）を設置※
	原子炉建屋等の水素爆発防止機能	水素濃度制御又は排出設備、水素濃度監視設備の設置、手順書整備、訓練	※PWRのうち必要な炉型のみ
	使用済燃料貯蔵プールの冷却、遮へい、未臨界確保機能	可搬式代替注水設備、可搬式スプレイ設備の設置、手順書整備、訓練	
	水供給機能	水源及び移送ルート、移送資機材確保、手順書整備、訓練	
	電気供給機能	恒設及び可搬式代替交流電源の配備、恒設直流電源設備（既設）の増強、可搬式直流電源の配備、手順書整備、訓練	バックアップ対策として、所内恒設直流電源設備（3系統目）を設置
	制御室機能	炉心損傷時の被ばく評価と必要な資機材、手順書整備、訓練	バックアップ対策として、特定安全施設（仮称）（恒設）を設置
	緊急時対策所機能	地震・津波の影響を受けない緊急時対策所の確保、被ばく評価、資機材確保等	
	計装機能	プラント状態の把握能力を超えた場合のプラント状態の推定手段の整備等	
	モニタリング機能	可搬式代替モニタリング設備の配備、手順書整備、訓練	
	通信連絡機能	代替電源から給電可能な通信連絡設備配備、手順書整備、訓練	
	敷地外への放射性物質の拡散抑制機能	可搬式放水設備配備、手順書整備、訓練	
	大規模自然災害や意図的な航空機衝突等のテロリズムによりプラントが大規模に損傷した状況で注水等を行う機能	地震・津波や意図的な航空機衝突の影響を受けにくい場所に可搬式注水設備、電源、放水設備等を分散配置、接続口を複数用意、手順書整備、訓練	バックアップ対策として、特定安全施設（仮称）（恒設）を設置

7月中旬予定の施行時点から、必要な機能を全て備えていることを求める

信頼性向上のためのバックアップ対策については7月中旬予定の施行の5年後から求める（施行後5年間は適用猶予）

第3章 いま私たち科学者の一番言いたいこと

1. 継続する放射線災害の実態

清水　修二◀

原発災害の特異性を挙げれば、まず被害の実態をとらえにくいという点がある。放射線による急性障害は出ていない。一方、低レベル放射線が原因で引き起こされる発ガンなどは確率的な障害で、将来どれだけ発生するか予想が難しい。したがって被害予測に大きな幅が生じ、1人も死なないだろうと言う人もいれば何十万人も犠牲になると言う人もいる。しかもこれは単なる将来予測の問題ではなく、避難すべきか否か、

放射線の健康影響についての認識（成人）

	可能性は極めて低い	◀―――	―――▶	可能性は非常に高い
現在の被曝線量で、急性の健康障害（例えば1ヶ月以内に死亡するなど）がどのくらい起こると思いますか？	39,687（66.0%）	11,774（19.6%）	4,707（7.8%）	3,964（6.6%）
現在の放射線被曝で、後年に生じる健康障害（例えば、がんの発症など）がどのくらい起こると思いますか？	13,345（22.1%）	17,958（29.8%）	13,906（23.1%）	15,094（25.0%）
現在の放射線被曝で、次世代以降の人（将来生まれてくる自分の子や孫など）への健康影響がどれくらい起こると思いますか？	9,174（15.2%）	14,827（24.6%）	15,241（25.3%）	20,978（34.9%）

第11回福島県「県民健康管理調査」検討委員会（2013.6.5）資料

あるいは帰還できるか否かという、現時点での選択を左右する。

放射能災害の健康影響について、そのリスクを誇大に語る論調が影響力をもったためもあり、被災地の住民がいかに重い心理的なストレスをかかえることになったかは、前頁の表を見るとよく分かる。これは避難区域等の住民のうち成人18万余を対象に、事故の翌年に福島県が行った「心の健康度」に関する調査結果の一部である。事故から相当の月日が経過しているのに「急性障害」への恐れをもつ人がいること、また将来ガンになる可能性が非常に高いと感じている人が4分の1に達していることが分かる。さらに驚くべきは、遺伝的障害が生じる可能性が「非常に高い」との回答が34.9%と最大の割合を示していることである。やや高いという回答を加えると6割が遺伝的影響を恐れている現状がある。この数字が意味するものの重さは計り知れない。

広島・長崎の被爆者データからは、放射線被曝による遺伝的な影響は認められないと評価するのが定説（少なくとも専門家の間の多数意見）だと私は理解している。事故後二度訪れたベラルーシの小児ガンセンターでも、汚染地域と非汚染地域とで先天異常の発生率に差はないとの説明があった。チェルノブイリ事故と比べれば被曝線量の圧倒的に小さい福島事故で、遺伝的な疾患が生じる可能性はまずないと言って間違いない。にもかかわらず福島の被災者の半数以上が遺伝的影響におびえている現状は悲劇以外の何ものでもない。親のおびえは子どもに伝染する。人々のそうした意識環境で成長する子どもの将来が明るいはずはない。根深い社会的差別が長期にわたって子どもたちを苦しめることになるかもしれない。

福島県の調査で明らかになった事実をもう一つ紹介しよう。「こころの健康」面での支援を必要とする人の割合が県外避難者で多いということである。アンケートへの回答者の割合が県外19.1%であるのに対し、要支援者の割合は24.9%だった（資料は上掲表と同じ）。県外避難者の4分の1が支援を必要とする精神状態にあると見られる。県外への避難は放射線被曝の不安から解放されるという意味でストレス軽減になっているはずである。ところが放射線以外の諸要因、たとえば環境の変化に子どもが適応できないとか、夫婦が別居を強いられてしまうとか、（自主避難の場合は特に）経済的な負担が生活を圧迫するとかいった事情が、避難者に精神的な大きなストレスをもたらしていると考えられる。震災関連死が福島県で1,400人を超えている事実とあわせて考えれば、「避難すればいい」という物言いがいかに安易なものでしかないかは明らかである。

原発事故の後、県外への転出がふえて福島県の人口が急減する事態を招いた。しかし幸いなことに事故から２年たって福島県の人口は徐々に回復しつつある。子どもの数も新年度に少しふえた。もともと県外避難者は県人口の3%程度である。事故後には、いずれ福島県の人口は半減するだろうとの記事まで新聞には現れたが、誇大な予測だった。2011年度の調査によれば、早産率も先天奇形・異常の発生率もふえなかったし、一番多いとされる心臓奇形の発生率もふえなかった（同「妊産婦に関する調査」）。ただし、妊産婦で「次回妊娠・出産をお考えですか」との問いに「いいえ」と回答した人のうち14.6%（複数回答可）が「放射線の影響が心配なため」という理由を挙げている。事故後の出生率低下はチェルノブイリ事故被災地でも見られた。生まれるべき命が生まれない、「犠牲」はそのような形でも生じるのである。

いま福島で最も大きな関心事になっているのは放射能の除去＝除染である。除染で発生する土砂・草木等の廃棄物は、県内のどこかに造る「中間貯蔵施設」に運び込む手はずだが、建設場所がなかなか決まらない。そこで市町村ごとに「仮置き場」を造ることになった。しかしこれも場所決めが容易でない。自分で出したゴミなら我慢もしようが、原発事故で飛んできた放射能である。福島市では、仮置き場が造れない状況では各家庭の敷地内に埋設するしかないとの判断で、その作業がすでに始まっている。汚染廃棄物の処理処分は全国レベルの問題になっており、宮城・岩手の津波瓦礫の広域処分すら障害に直面している。どうせ人が住めなくなってしまったのだから、福島県双葉郡の高汚染地域に放射能は集中処分すればいいと広言する人もいる。

住民が避難している双葉郡の町村は今どうなっているか。汚染度の低かった川内村と広野町は役場と住民の帰還を進めているが、その他の町村はまだ帰還の段階に入っていない。「帰還困難区域」はバリケードで封鎖されており、双葉町などは住民居住地の96％が帰還困難区域に包含されている。住民は墓参りもできない。何年たったら戻れるか分からない宙ぶらりんの状態に置かれている住民は、このまま待機を続けるか、それとも思い切って移住して新天地で生活再建を図るかの選択を迫られる。住民票をもたない避難先での生活は肩身が狭いし、住民間のトラブルもふえてきたので、とりあえず住民票を移そうと考える人もふえていくと思われる。しかしそういう住民が急増したりすれば町村はそれこそ存亡の危機に瀕することになる。住民の数が激減してしまうから、行財政のすべてが収縮する結果になる。そうならないよう、町村は「仮の町」をつくる構想をすすめているが、どれだけ実効性があるか疑問視する声は少なくない。

住民帰還の問題の背景には「賠償」の問題が横たわっている。地震と津波は自然災害だから加害者は存在しない。原発災害はそれとは違って人災なので「加害者」がおり、したがって損害賠償が行われる。チェルノブイリ事故でも、もちろん国による賠償が行われた。ただ、社会主義国であるソ連邦の賠償は、いわば「現物支給」である。土地はもともと国有地だし、家屋も仕事も政府が手当てするのが基本的な処理の仕方だった。大部分の住民は「避難」ではなく「移住」したのである。

日本の事情は全く異なる。住民は私有財産である土地・家屋・田畑を残して避難している。国が仕事をあてがってくれるわけでもない。そして賠償は「現金支給」で行われる。このことが「復興・再生への道」を探る上で重大な与件にならざるを得ない。ふるさとへの帰還は賠償の打ち切りを意味する。いま、いろんなところで損害賠償の増額を求める訴訟が提起されているが、賠償額が多くなればなるほど打ち切りのダメージは大きくなり、帰還のモチベーションは低下するであろうと思われる。

1人月額10万円という精神的損害賠償金の存在が、避難者と避難先地域住民との間に感情的な摩擦を生む一因になっている。損害賠償要求という当然の権利を留保しつつ、経済的・精神的な自立＝生活再建をどう図るかを、真剣に考えなければならない状況が生まれていると思われる。

福島原発災害はまさに現在進行中で、ある意味では矛盾をいっそう深めている。依然として15万人近くが県内外に避難しており、避難中の死亡者は確実にふえている。産業のダメージも大きく、風評被害はなかなか払拭されない。事故の現場処理はもとより、汚染廃棄物の処理・処分問題、産業の再生など、数十年スパンの課題はまだ何一つ解決の緒についていないのが現実の姿である。

2. 自治体首長のジレンマ（原発ゼロを阻む原子力ムラの包囲下で）

小林　昭三◀

福島原発事故の真相を調査し，事故の本質や教訓を未来に残す段階とは程遠い。超高濃度の放射能汚染した原発事故進行現場である炉心部や原子炉建屋の現状把握も困難で真相究明さえままならない。

しかし「日本崩壊の瀬戸際」という当初の危機意識・熱気の風化・忘却も危惧される昨今である。悲惨で取り返しのつかない原発震災事故経験から得た「二度と許さない原発事故を」という万人の熱い願いは「住民投票や県民投票や国民投票」の圧倒的な勝利でしか実現できない・本物の民主主義を日本に各地に根付かせる・粘り強い闘いの展望を何としても確かなものにしたいとの思いが募る。

3.11 と原子力ムラ（原子力利益共同体）の巨悪体験から「原発ゼロ」の民意確立へ

これまで，原子力ムラの恐るべき本性を実体験した多くの自治体や自治体首長は「脱原発依存」への強い想いを住民と共有して「原発からの撤退・原発ゼロ」の民意に基づく政策転換を模索した。

新潟県では：「東京電力の事故隠し・全原発停止」を契機に，「平成14年8月29日に発覚した東京電力の自主点検不正を踏まえ、新潟県では安全確認を行う際の技術力向上のため、技術的な指導・助言をいただくための専門家による委員会を設置（平成15年2月5日発足）」へと向かった。そのような「技術委員会（新潟県原子力発電所の安全管理に関する技術委員会）」や「設備健全性、耐震安全性に関する小委員会」及び「地震、地質・地盤に関する小委員会」等を設置して，原発を批判・反対する科学者を含む委員会での公開の論議をもとに具体的な原発施策・政策をする方向に大転換した。

福島・新潟・福井県知事で「日本の原発政策の転換・核燃料サイクル政策の大転換」を求める批判的連携行動の模索は挫折（毎日新聞特集・虚構の環）した。技術委員会は「柏崎・刈羽発原発震災の体験」や「3.11 福島事故」を経て，福島事故の４つの事故調査報告書の委員長からの説明を求めて，事故現場の実態調査・事故報告の実地確認・実態検討等をした。新潟県や各地の自治体首長は，「原発再稼働か原発ゼロか」を決するのは，住民投票・県民投票になるのではないかとの予感を強めてきた。

茨城県東海村では：JCO 事故を体験した東海村の村上達也村長は「東海村の JCO 臨界事故（1999 年、２人死亡）以来、太陽光や風力などによるエネルギー政策を進めようとしましたが、参入障壁というバリアーがあって制度的に入り込めませんでした」と政策大転換を公言するに至った。原子力ムラがどれほど無為無策・無責任・無謀か（国・県の迅速な対応得られずに住民避難を村長独断・辞職覚悟で決断）を JCO 事故で体験した。3.11 福島原発事故と東海原発での危機一髪だった実体験をした。福島第１原発と同じような事故が東海第２原発で起きても不思議ではなかった。津波の高さがあと 70㎝高ければ，防潮壁の窓枠状切り込みを１年前に埋めてなければ，全電源を喪失・全村避難に間一髪で至るところだった。以後は，東海第２原発の「廃炉」と「脱原発」を国に提言し，「脱原発をめざす全国首長会議」を立ち上げた（笹口孝明・元巻町長（巻原発住民投票で原発建設を止めた）も加わる)。

「脱原発をめざす首長会議」では：その目的を「住民の生命・財産を守る首長の責務を自覚し、安全な社会を実現するため原子力発電所をなくすことを目的とする。当会は、脱原発社会をめざす基礎自治体の長（元職も含む）で組織する。脱原発社会のために以下の方向性をめざす。」としている。⑴新しい原発は作らない。⑵できるだけ早期に原発をゼロにするという方向性を持ち、多方面へ働きかける。として，「⑴原発の実態を把握する（福島原発事故の実態を把握、原価、核燃料サイクル、最終処分場等)。(2)原発ゼロに至るまでの行程を明確にする。(3)地域での再生可能なエネルギーを推進する具体策を作る。・・(6)福島の支援を行う。」などのテーマに取り組んでいる。

福島県では：3.11 以前にも「東京電力の事故隠し」問題で，2003 年 4 月には「福島と柏崎刈羽の全 17 原子炉停止」に至る東京電力の事故隠しを新潟・女川共々と体験した。原子炉冷却水再循環ポンプ内にボルトや座金が脱落し大破損した事故での最悪な事故対応。その前後での膨大な事故隠し（配管溶接部ひび割れ隠し・シュラウド損傷隠し・制御棒抜け落ち事故隠し）。MOX 燃料データ捏造事件・JCO 事故・等の中で，福島・新潟・福井の 3 県知事は反プルサーマル連携を開始した。新潟刈羽村「プルサーマル反対の住民投票の勝利」など，プルサーマル・再処理・核燃料サイクル政策全面崩壊寸前になるが原子力ムラの策謀で挫折する（毎日新聞特集・虚構の環）。佐藤栄佐久県知事の冤罪失脚等で 3 県知事連携の一角は崩れる。やがて福島・愛媛・佐賀・福島原発等でのプルサーマル実施の突破口が開かれた。福島第一原発 3 号機を含むプルサーマル開始の 1 年後の 3.11 福島原発事故・放射能汚染による生活基盤・生産基盤・社会基盤の喪失・想像を絶する苦難（15 万超避難）等が継続・進行中に至る。3.11 フクシマ後には原発事故で地域住民の命・生存・人権が翻弄・犠牲されにしても原発推進策を死守する原子力ムラの虚構・巨悪の数々を拒絶する原発ゼロが日本国民の大多数の願いとなった。2030 年の原発依存度に関する政府の意見公募の結果は「原発 0%」が 87%（内，即時原発ゼロが 78%）となった。原発廃止はドイツ・イタリア他の国際的な流れ・日本全国数十万規模のデモへと奔流化した。

3.11 原発事故で死ぬ目に会い・東京電力や原子力ムラの醜い本性を何度も体験した自治体と住民は，2 度と 3.11 フクシマを起こさない決意と原発ゼロの実現を強く望むに至る。原発事故の恐怖・悲惨体験を共有した自治体首長は，相も変わらぬ原子力ムラの包囲網（組織排除の恐れ等）下で，民意か国策かのジレンマに遭遇する。

原発ゼロの民意実現への道：再稼働と原発推進回帰の現政権と民意との乖離をどうする

原子力ムラの本質は，3.11 後においても少しも変わらない。先の，衆議院総選挙では，現政権は原発問題の争点化は徹底回避して，前回比例区得票より少ない比例区得票・43％の得票率で，79％の議席という虚構的な圧勝を得た。民主党政権下の「2030 年代に原発ゼロを目指す」と後退した方針さえ，原発維持推進側に見直す姿勢を自民党政権は示していた。現安部政権下では，原発再稼働・原発推進・核燃サイクル等の回帰への動きが目立つ。参議院選挙を目前に，安倍政権の「成長戦略の素案」では，原発の活用・原発再稼働を盛り込む方向に舵を切った。具体的には「原子力規制委員会が安全と判断した原発は，判断を尊重し、再稼働を進め、地元の理解や協力を得るために政府一丸となって取り組むと明記する」（朝日５月 31 日）という。電力業界や産業界や原子力ムラからの原発再稼働と原発推進の働きかけに乗じ，「アベノミクス」で目指す経済成長のための原発活用戦略を露わにしているのである。アジア・インド，中東，アフリカ等を訪問して，次々と原子力協定と原発輸出の推進などを約束してきている。

活断層問題：原子力規制委員会は日本原子力発電敦賀原発２号機（福井県）の原子炉建屋直下の断層を「活断層」と断定する報告書をまとめた。活断層の真上に原子炉建屋などを設置することを認めておらず、２号機は新規制基準を満たせなくなり、再稼働は認めないので廃炉を迫られる。特に，全国で唯一運転している福井県の関西電力大飯原発 3,4 号機の活断層に関して，３連動地震発生を前提に揺れの強さの想定を検証するよう原子力規制委員会は関電に求めたが、関電は３連動の可能性はほぼないとしてそれを拒む。５カ所以上の原子炉建屋は直下の活断層問題が指摘され，活断層と判断されれば廃炉になる。

3・11 後に原発住民投票条例案 4 件を否決：新潟県には 1996 年に旧巻町で実現した巻原発住民投票の圧倒的な勝利によって，巻原発建設の白紙撤回を勝ち取った貴重な経験がある。しかし，柏崎刈羽原発の再稼働の是非を問う住民投票条例では、2013 年 1 月 23 日の新潟県議会本会で、賛成 7（社民 2 と共産党 1 と無所属 4）反対 44（自民党 31 と民主党 6 と公明 1 と無所属 6）で否決された。日本では，3・11 後に，原発稼働の是非を問う住民投票条例案が 4 つの（大阪市・東京都・静岡県・新潟県）議会に上程されたが，同様にいずれも否決された。巻町の四半世紀に及ぶ粘り強い運動や，半世紀の原子力ムラ支配で生じた 3・11 の歴史的教訓を踏まえ、変わらない日本の現状を変革して，原発ゼロへの住民投票や国民投票を実現し得る新たな展開が強く望まれる。民主的諸権利の飛躍的な拡大強化が急務となってきている。自民党は参院選後に原発再稼働を目指しているが，それを許すのか，原発ゼロへと前進するのか，さらなる本格的なせめぎ合いとなる。

3.　科学者の社会的責任

林　弘文◀

はじめに少し硬い話を書きます。

日本の科学者憲章について

日本学術会議は、日本の科学者を代表する組織で 1949 年に誕生しました。日本学術会議は、1980 年の第 79 回総会において、声明「科学者憲章について」を発表しました。趣旨は、合理と実証をむねとする科学に携わる科学者は、科学の健全な発達を図り、有益な応用を推進することは、社会の要請であるとともに、果たすべき責務であるとし、「科学者が自ら負う責務を国民の前に明らかにするとともに、わが国の科学者がこの憲章の精神に則り、責務を遂行することを期待する」と前文を述べ、以下の５つの遵守すべき項目を掲げています。

１、自己の研究の意義と目的を自覚し、人類の福祉と世界の平和に貢献する。

２、学問の自由を擁護し、研究における創意を尊重する。

３、諸科学の調和ある発展を重んじ、科学の精神と知識の普及を図る。

４、科学の無視と乱用を警戒し、それらの危機を排除するよう努力する。

５、科学の国際性を重んじ、世界の科学者との交流に努める。

日本学術会議は創設以来、日本の科学研究が、平和国家、文化国家の基礎になるという確信のもとに、科学研究を前進させるために種々の研究機関の設置を政府に勧告し、同時に科学者の権利、責任について討議を重ねてきました。とくに 1975 年以来の検討、審議によって、「科学者の社会的責務」を明らかにするものとして憲章がまとめられました。

戦後、原子力開発に向き合った日本の科学者たち

1949年1月20日、日本各地から240名に近い日本学術会議会員が集まり、第1回総会が開かれました。暖房のない会議室の中、外套で寒さをしのぎ真剣に戦後の日本の学術をいかに進めるか、第二次世界大戦における日本の科学者の行為の反省に立った熱い議論が交わされました。

サンフランシスコ条約成立後の1952年に、禁止されていた原子力研究ができるようになり、茅、伏見両会員による提案（学術会議の中に原子力問題調査委員会を設置、総理府の中に原子力利用の将来性を検討する委員会設置の申し入れ）がなされ、学術会議が原子力問題を議論しました。提案は多数会員の慎重論で否定されました。反対論者の筆頭は被曝者である三村剛昂（よしたか）会員で、彼の主張は「原爆の悲惨さを伝えるのが大切。米ソが核兵器を捨てるまで原子力研究をやるべきではない」。その後、学術会議は、「わが国の原子力研究はいかにあるべきか」を検討する委員会を設置しました。

1954年3月、日本学術会議は原子力平和利用3原則「民主、公開、自主」を決議し、これは後に国の原子力基本法に盛り込まれました。つづいて「原子兵器の廃棄と原子力の有効な国際管理の確立を望む」という英文の声明を出しました。同年3月に米国のビキニ水爆実験と、総会直前に原子力予算が上程可決されたということを反映しています[1)]。

ビキニ水爆実験では、多くの日本の漁船が被曝しました。典型的なのは第5福竜丸で、乗組員23名が被曝し（久保山愛吉氏が死去）、放射能汚染マグロが廃棄されました。

当時、気象研究所の三宅泰雄をはじめ多くの研究者たちが、水爆実験の降下物（死の灰）や俊鶻丸の海洋調査で集めた資料の化学分析で行い、広い海域が放射能で汚染された事実を明らかにして、実験を行ったアメリカ原子力委員会の「海洋は汚染されていない」を論破しました。三宅先生は渡米して米国の各地で科学者への講演をして、多くの研究者に事実を知らせました。彼の共同研究者、猿橋勝子先生は渡米して米国

で化学分析して日本の科学者の主張が正しいことを証明しました[2)]。

素粒子論研究者の活動と、原研労組の科学者の活動

日本の素粒子研究者の第一世代は、湯川秀樹、朝永振一郎、坂田昌一、武谷三男の4先生です。1956年1月に原子力委員会が発足しました。初代の正力松太郎国務大臣兼原子力委員長は、ノーベル賞受賞の湯川先生を原子力委員にとりいれました。議論しないで、「5年以内に原子力発電を実現する」と公言して湯川先生を辞任に追いやりました。

繰り込み理論でノーベル賞を受賞された朝永先生は、東京都田無に全国共同利用の原子核研究所を作る時、「科学者は戦争に協力したではないか。原爆をつくる研究所ではないか、放射能をだすのではないか」と反対する住民を徹夜で「万一、原爆をつくるようなことがあれば、体をはって阻止する」と説得しました。また1963年の米国原潜の日本寄港問題では、日本学術会議会長として「十分に安全性を検討し、結果を公表するように」との政府に勧告を行いました。これに対して池田内閣は激しく学術会議を非難した。

坂田先生は、1959年、英国製コールダホール改良原子炉を審査する原子力委員会・安全審査専門部会委員でした。彼は矢木栄部会長に「情報を提供」と「会議の延期」を要望しましたが、矢木氏がこの要望を無視して結論をだしたため委員を辞任しました[3)]。

武谷先生は、原発の危険性を警告し、国際放射線防護委員会（ICRP）の放射線の「許容量」を強く否定し、「許される線量は存在しない」と社会に強く訴えました。

この4先生のもと、若手素粒子・原子核研究者たちは素粒子論グループとしてコールダホール原子炉の導入や米原潜の日本寄港の危険性を指摘して反対運動を行いました。

日本の原子力研究開発の中心機関として1955年に日本原子力研究所（原研）が設立され、翌年に原研労働組合（原研労組）が結成されまし

た。原研は2005年に核燃料サイクル開発機構と統合されて「日本原子力研究開発機構」となりました。労組は、いまも同じ原研労組という略称名で活躍しています。

原研労組の科学者たちは、国の原子力政策ときびしく向き合わなければなりませんでした。1970年代に入ると、軽水炉が設置される地域住民から「原子炉がどのようなものであるか」という講師依頼が殺到しました。これを好ましく思わない原研当局は、講演活動に参加する科学者たちへの弾圧、処分を繰り返しました[4)]。

日本科学者会議の活動

1965年に、全国のいろいろな分野の科学者が集まって日本科学者会議を創設しました。この時期は日本の高度経済成長期であり、各地で公害が多発していたので会は公害問題に取り組んでおり、前述の三宅泰雄先生も日本科学者会議の代表幹事として活躍されました。

この会の中に原子力問題委員会が設置され、初代の委員長は東大医学部助手の安斎育郎氏でした。 1972年に北海道岩内漁協と共催して第1回原子力発電問題シンポジウムを開いたのをはじめとして、その後、毎年のように各地で住民運動団体と共催して原発シンポジウムを開催してきました。1973年の衆議院科学技術対策特別委員会に安斎氏は原研の中島篤之助氏とともに参考人として原発の安全性についての意見を陳述しました[5)]。

随分あとになって知ったことですが、彼は、原発を推進する立場にあった彼の研究室の教授から徹底的にいじめられたそうです。「研究発表をしてはならない」、「彼と口をきいてはならない」など。

日本科学者会議会員以外で、原子力情報室を立ち上げて精力的に活動した高木仁三郎氏、東海地震説を提唱し浜岡原発訴訟の原告側の証人にたって原発の危険性を訴える石橋克彦氏たち多くの科学者がいます。

日本の原発推進のお先棒を担いだ科学者たち

福島第一原発事故によって多くの住民は、放射線をあび避難生活を余儀なくされています。彼らは「原発は安全だ」と安全神話をばら撒いて原発推進に協力した科学者たちの犠牲者でもあります。

嵯峨根遼吉（東大教授）は日本原電取締役として原研労組に「放射能による障害を恐れるのは宗教のごときものである」と述べています[6]。

西堀栄三郎（京大教授、初代南極観測隊長）、原子力船事業団理事は、「今日原子力の平和利用を恐ろしいものだ、危険なものだと思っている人は、文明から置き去りにされた原子アレルギー患者で、もはや時代遅れもはなはだしい。原子力の初期におこった原子炉事故とあのいまわしい原爆の被害とを結びつけて「原子」の字がついたものを恐ろしいと宣伝しているのは、火を恐れる野獣の類である」と新聞に書いています[7]。

竹内　均（東大教授）は、原発には５つの壁（燃料を焼結、被覆管、圧力容器、格納容器、原子炉建屋）があるという放射能封じ込め宣伝文句を広めました[8]。内田秀雄（東大教授）、原子炉安全審査会委員長は、浜岡原発１号の審査前の1970年、僕たちに対して「原発は安全です。燃料に穴が開いてヨウ素がでても運転します」と公言しました[9]。

1)　日本学術会議編『日本学術会議25年史』（1974年）。
2)　地球化学協会編『海洋と大気の地球化学』（1990年）。
3)　坂田昌一著『科学者と社会』（岩波書店、1972年）。
4)　舘野淳著『シビアアクシデントの脅威』（東洋書店、2013年）。
5)　三宅泰雄、中島篤之助編『原子力発電をどう考えるか』（時事通信社、1974年）。
6)　河合武著『不思議な国の原子力』（角川新書、1961年）。
7)　中村亮嗣著『ぼくの町に原子力船が来た』（岩波新書、1977）。
8)　竹内均監修『日本の原子力』（週刊現代、1983年）。
9)　藤井陽一郎編『地震と原子力発電所』（新日本出版、1997年）。

4.　過酷事故時における炉心の熱問題

山本　富士夫◀

はじめに

福島第一原子力発電所（以下、1F）で2011年3月11に発生した過酷事故（シビアアクシデントともいう。以下、SA ）について、いわゆる国会事故調、政府事故調、民間事故調、東京電力事故調の4つの報告の他に「FUKUSHIMAレポート　原発事故の本質」が出されている。いずれも、超巨大地震・津波と複合した原発事故の事象（水素爆発、メルトダウンなど）および東京電力（以下、東電）と国による人為ミス（収束対応ミスを含む）について報告しているが、SA発生時の炉心の熱の問題についてはほとんど記述がない。

1F事故発生以前では、1975年に出された確率論的安全評価手法によるラスムッセン報告（WASH-1400C）や「五重の壁」、「多重防護」などが安全神話の根拠とされ、SAの発生が想定されていなかった。1Fの原発災害の惨禍を見た大多数の国民は、安全神話がSAの防止に役立たず、自然の猛威と科学法則の前では全く無力であったことを知り、原発をなくしたいと言っている。国民の声を聞かない安倍政権（2012年12月〜）と原子力ムラ（原発推進者たちの産官学連携の利益共同体）は、大多数の民意と科学法則を無視し、原発再稼働の政策を推し進めている。彼らの論拠「安全性よりも経済性を優先」はおかしい。

筆者は、原発をなくしたい科学者として、SA時の炉心溶融にかかわる熱の問題に絞り込んで、若干の議論を展開し、いくつかの提言を述べたいと思う。

過酷事故誘因の4大トリガー

原発は、①人為ミスや②自然災害、③軍事テロや④サイバーテロによって原子炉の制御（とりわけ、核分裂反応度の制御と熱除去の制御）

ができなくなると、SA に陥る恐れがある。これら４つ（①〜④）を「SA 誘因の四大トリガー」（トリガー＝拳銃の引き金）と名付け、ここで簡単な説明を行う。（なお、原発の保守点検、老朽化、使用済み燃料の処理・処分、核燃料サイクルの問題も、解決方法を間違えれば、SA 発生の恐れがあるが、それらの議論を割愛する。）

⑴人為ミス（トリガー①）

TMI 事故（1979 年）は、営業運転中の制御用空気系の故障が発端となって起きたもので、運転員が二次系補助ポンプ出口側の弁の開閉を見落とし、原子炉内の水位を判断ミスしたため、SA となった。チェルノブイリ事故（1986 年）は、原子炉を定格出力より低い負荷での動作試験中に、運転員が判断ミスを犯したため原子炉の不安定から暴走・爆発（SA）に至った。1F の SA は、国会事故調が「人災」であると断じたように、超巨大な地震・津波に対する東電の安全管理体制の不備や収束のための操作ミスなどの人為ミスによって SA が起きた。

⑵自然災害（トリガー②）

自然災害（トリガー②）としては、地震、津波、竜巻、雷があげられる。1F 事故で明らかになったように、原発は、地震・津波に遭遇すると（トリガー②が外れると）、システムの構成部品（たとえば、非常用発電機）が機能不全となり、発電所全体が停電になったり原子炉を冷却できなくなったりして、SA に転じる。なお、巨大な竜巻は送電塔を倒壊させたり、竜巻中の浮遊物体が構造物を破壊したりする。雷は計測・情報・制御系を破壊したりする。

⑶軍事テロ（トリガー③）

上記⑴で紹介した３件の SA を見て、軍事テロが原発の中枢（例えば、復水器を含む冷却系）を攻撃すれば、核兵器と同等以上の放射能汚染効果があると考えられるようになった。現に 1981 年にイスラエルがイラクの原子力施設を軍事的に先制攻撃する事件が起きた。軍事テロの手段は、航空宇宙技術や情報技術、生物化学などで高度に進化しているが、日本の軍事テロ対策は、安全保障を理由に公開されていない。テロ対策に加えて平和外交はさらに重要である。

⑷サイバーテロ（トリガー④）

原発の情報システムは、サイバー攻撃を避けるため外部と遮断・隔離（アイソレート）されている。しかしながら、実際に2011年にはイランの核施設が外国からサイバー攻撃されたという報道がある。原発を制御するコンピュータがサイバーテロを受けると（トリガー④が外れると）、原発は暴走し、SAに陥る恐れがある。また、1F災害のような非常時に、原発サイトの内と外の間を往復する情報システム（電話やTV会議など）がサイバーテロに遭う恐れもある。

過酷事故時における炉心の熱問題

よく知られているように、原発の正常な営業運転時の熱問題は、石炭・石油などの燃料の燃焼させるボイラーにおける伝熱学や材料力学などの古典的な科学技術によって、かなり解決されている。たとえば、水の蒸発に関する核沸騰、膜沸騰、プール沸騰や乱流熱流動、金属の伝熱面はバーンアウト（焼損）を起こす限界熱流束などについては、ボイラーでの経験が生かされている。

ところが、上述のトリガー①～④の一つ以上が外れると、原子炉は異常なSAに陥る。つぎに、SA発生における炉心の熱の問題を数点に絞って議論する。

⑴空焚き状態における熱問題

1F事故では、津波浸水のために非常用発電機が作動できず、緊急運転停止した原子炉の崩壊熱を除去するための自然循環型非常用復水器を十分機能させることができなかった。ついに、原子炉内で冷却材（液体の水）が不足して空焚き状態となった。蒸気は、液体の水に比べて比熱容量が小さく密度が低いため、その温度と圧力の上昇は急速である。蒸気状態が営業運転中の70気圧290℃を超え、ついに燃料棒被覆管（ジルカロイ）は溶融し、メルトダウンに至った。

空焚き状態で蒸気がますます高温高圧となると、原子炉圧力容器、あるいは、炉壁を貫く多数の配管、それらと接続している重厚長大な機器（圧力抑制室など）と弁類、接続シール部は、高温高圧に耐えきれず損傷を起こしやすくなる。最悪の場合、原子炉は水蒸気爆発によって破壊してしまう。現在の科学では、高温における物性値（比熱容量、密度、熱伝導率など）の研究が進み有用なデータも蓄積されてきたため、コンピュータシミュレーション（以下、CS）によって時間変化する崩壊熱や放射熱と乱流対流熱移動量、原子炉内の水蒸気の温度と圧力を計算し、構造物（圧力抑制室など）の材料強度と破壊限度や溶融（メルトダウンやメルトスルーを含む）などを予測することがある程度できるようになってきた。しかし、CS 計算は実用に供するには十分でなく、配管と弁類の損傷の場所と大きさなどを特定できない問題がある。

⑵水素爆発のシミュレーション限界

1F では、高温の水蒸気（H_2O）と核燃料被覆材のジルカロイとが化学反応して水素ガスが大量に発生し、それが漏れ出て原子炉建屋の天井に溜まり、ついに爆発を起こし、大量の熱が発生し高温高圧となり、天井を破壊した。その結果、大量の放射性物質が環境に放出した。

水素と酸素の混合気は極めて引火しやすく、反応して爆発を起こす時の水素の濃度範囲が 4 ～ 75% と広いことが知られている。一般に、混合気の存在する空間の幾何条件や圧力温度・質量などの状態値などの条件によっては、水素爆発時に起こる衝撃波の伝播（デトーネーション）に伴う温度と圧力を CS で計算できるとされている。しかし、1F 事故の場合のように、それらの計算条件が示されない場合には、デトーネーションを仮定した CS 計算すらできない。

まとめ

本稿の「はじめに」で、1F に対する 4 つの事故調等で、安全神話にかかわる記事はあっても過酷事故（SA）時における炉心の熱問題が論じられていないことを指摘し、熱問題を議論する目的とした。つぎに、4大トリガーについて具体例をあげて説明し、トリガーが外れるとSAに陥る恐れを述べた。本題の炉心の熱問題として、原子炉が空焚きになった場合の水蒸気状態と水素爆発の問題を取り上げ、それらのコンピュータシミュレーション（CS）の問題点を指摘した。

以上を踏まえて、筆者は実物大相当の電気炉を使って高温高圧蒸気状態のもとで水素爆発を伴うメルトダウンの実験をすべきでないかと提言したい。

5.　苛酷事故と原子力防災

青柳　長紀◀

苛酷事故とは

原発の大事故で周辺住民に大変な被害が生まれることは世界で原発が開発実用化される以前の1960年代頃から予測されていた。しかし、その頃は原発には工学的に多重の防護と多数の安全装置が設置されているので大事故は起きないとされてきた。1970年代商用軽水型原発建設の時代になると、科学者、技術者達は、原発事故が多数の死亡者や被ばく者、放射能汚染による広い居住不能な地域、巨大な経済的被害を生む危険があると指摘した。特に、アメリカでは実証実験で冷却系配管の破断による冷却水喪失事故を防ぐ非常用冷却装置（ECCS）が確実に機能しない実験結果が出ると冷却材喪失による大事故発生の危険が指摘された。しかし、アメリカの産業界や原子力委員会（AEC）などは、そのような大事故が起こる確率は、隕石が地球上の人間に当たる程度に低いと主張した。

1979年アメリカのスリーマイル島原発事故（TMI原発事故という）は、それまで工学的安全設計がされた原発で想定した設計基準事故（DBAという）や、日本の安全審査で予測した重大事故、仮想事故を上回る半径8−10キロ以内の住民が避難しなければならなくなり、原発は大事故を起こさないという「安全神話」は崩壊した。事故後軽水型原発の安全研究が進み、工学的安全設計で想定するDBAを超えるような多量の放射性物質を環境に放出する事故を苛酷事故といった。

苛酷事故と原子力防災

1986年旧ソ連のチェルノブイリ原発で起きた事故は今まで世界最大で、被ばくによる多数の死亡者と長期にわたり放射線小児白血病患者の発生や半径30キロを超える居住不能な地域を生んだ。原発事故の悲惨な結果を受けて、世界では国際原子力機関（IAEA）を中心に苛酷事故防止対策や事故発生時に放射線による被害の拡大を緩和させる原子力防災、特に緊急時対策の実施を国、自治体、電力事業者に強く求めるようになった。1990年代に入り苛酷事故対策はルール化され、それを基礎に国際的な安全協定も結ばれた。アメリカや欧州諸国の規制当局はその実施を事業者に強く求め、さらに欧州諸国を中心に原発廃止の国民的な運動が大きく発展したことで、ドイツやイタリアのような原発からの撤退を決める国も出てきた。

日本の原子力防災の歴史

日本で原子力防災指針が具体化されたのは、1979年3月のTMI原発事故を契機に原子力安全委員会が翌年6月決定した「原子力施設等の防災対策について（旧指針）」であった。日本の安全審査ではDBAを超えるような事故は起きないし仮に重大事故、仮想事故を想定しても原発敷地周辺住民が避難するような事態にはならないとしていた。それでも旧指針ではTMI原発事故程度の事故を想定して「防災対策を重点的に充実すべき地域（EPZ）」を8-10㎞に定めた。しかし、安全審査で苛酷事故は起きないとしていたため、国も自治体も事業者も防災計画を真剣に実施せず、防災は「絵に描いた餅」であった。1986年チェルノブイリ原発事故が起きても、国と安全委員会は当時議論されていた30㎞圏のEPZ拡大を避けるため、日本の原発は旧ソ連の原発とは炉型が違うといって旧指針の見直しをしなかった。

しかし、原発事故ではなくても周辺住民に被害がおよぶような原子力施設の大事故は、茨城県東海村では二度も起こっている。1997年の動燃アスファルト固化施設の火災爆発事故と1999年のJCO臨界事故であり、JCO事故では施設周辺340メートルの住民の避難と茨城県施設周辺10㎞内の住民の屋内退避である。この時、防災の重大な欠陥が明らかとなり指針の見直しが行われ、原子力災害対策特別措置法ができた。

しかし、この時も原発の苛酷事故に関する見直しは全くしなかった。日本では、事故の経験を経ても原発の苛酷事故を想定した具体的対策は、全て電力会社の自主努力にまかされたまま2011年3月の福島原発事故となった。

福島原発事故の教訓と原子力防災

旧指針が事故発生時に災害の拡大をいかに有効に防いだかという点から見ると、事故の進展で変化する放出放射線源の状況に対応した防護措置をとる点でその機能を果たせなかった。例えば、防災対策を重点的に充実すべき地域についてみると現指針では単一半径8-10㎞であるのが、時間の経過と共に3㎞, 10㎞, 30㎞と変化し、30㎞を超えて避難する地域も発生した。緊急時モニタリング、緊急時医療、ヨウ素剤の投与、事故後の復旧のあり方等についてもほとんど役割を果たせないまま被害を拡大させた。防災計画自身の重大な欠陥と共に、東電の事故情報に関する通報連絡、国、自治体の防災計画実施体制、住民参加の訓練が欠如しており、防災計画はあっても実効性が全く無かった。

原子力規制委員会の原子力災害対策の問題点

新指針策定の経過とその概要・特徴

福島原発事故後、国の原発災害対策は苛酷事故の発生を考慮した検討をせざるおえなくなった。昨年9月に発足した原子力規制委員会は、発足当初現指針の全面的な見直し作業を開始し、その基本的な骨組みとなる「原子力災害対策指針」（新指針という）を昨年10月末に委員会で決定、その後本年2月27日と6月5日に二度全面改定した。

この指針は、基本としてIAEAの苛酷事故対策を参考に、福島原発事故程度の放射性物質が環境に放出することを想定した原子力災害対策である。IAEAを中心につくられた苛酷事故対策は、多重防護と安全装置など工学的な安全対策の有用性を認めつつそれでも苛酷事故が発生した時周辺環境へ放出される放射線による被害を緩和させる対策である。現指針と大きく異なる点は、緊急時の対策として苛酷事故の時間的経過を追って放出する放射性物質の拡散に対応した避難等放射線防護措置を実施する点にある。また事故の重大性のレベルを設定してそのレベルに対応した対策を実施し周辺住民の被ばくを防ぐものである。

新指針の問題点

現在の軽水炉型原発の工学的安全設計や原発施設の苛酷事故防止対策では想定する事故の放出放射線源（ソースターム）の限界を科学的、技術的に定めることは不可能であり、例えば30kmのUPZ：（緊急時防護措置を準備する区域）より広範囲の設定が必要とされるような事故が起こるかもしれない。苛酷事故想定限界の定まらない原発事故災害対策などありえないという矛盾を規制委員会はどう判断するかである。

第二に、規制委員会は無批判にIAEAの国際基準をそのまま持ち込み、広大な低人口地帯や無人地帯の広い諸外国と日本のような狭い高人口密度の地域差や、世界で有数の巨大地震の多発地帯という特殊性を考慮した日本独自の指針にもなっていない。この点では苛酷事故を想定した原発の立地指針と原子力災害対策は一体となったものであるべきで、新指針ではその点が全く欠けている。

第三に、原子力防災関係自治体のどこの旧地域防災計画も、国の旧指針の引き写しであり、事故発生時に自治体はそれをほとんど実施できず、その内容さえ自治体職員、防災関係者、地域住民が知らされ周知されていなかったことか、JCO臨界事故や福島原発事故で明確に示されている。JCO臨界事故の教訓で新たに設置されたオフサイトセンターも福島原発事故では、地震による電源喪失で全く機能しなかったことが各種事故調査報告書で指摘されている。しかし、新指針では福島原発事故の教訓を生かした国、事業者、自治体、周辺住民がどのように具体的に実施できる体制を確立し、またその実施の検証をだれがどのようにするか示されていない。規制委員会が地域防災計画（原子力災害対策計画編）の実効性の検証と計画実施状況を踏まえた評価判断をして、その実効性の欠如が確認されるならば、国、自治体、事業者へ施設の運転を禁止する直接的な規制を行うべきである。

本当に苛酷事故に対応できるか

結論として新指針で示された原子力災害対策は苛酷事故に対して国民、周辺住民の放射防護対策として有効に働くことにはならない。第一には、苛酷事故による放出放射線源の科学的技術的根拠を持った限界が定まらない、第二に、世界で日本は地震大国で高人口密度であるという特殊性の考慮に欠ける、第三に新指針では、国と規制委員会が国、事業者、自治体、周辺住民が実際に実施できる体制があるかどうかの検証と機能欠如の場合施設の稼働の禁止等を命ずることが全く触れていないからである。

第二次安倍政権は、規制委員会で安全が確認された原発は、再稼働するとの方針を明確にしており、規制委員会は安全確認のための新規制基準を本年７月８日に施工した。一方、国も規制委員会も新指針を策定してもその実施と再稼働は別問題として、原子力災害対策なしでも再稼働はできるとしている。苛酷事故で住民の被ばくをどの範囲でどこまで低く抑えられるかも定まらない、関係自治体にさらに形式的に地域防災計画を改定させても実施不可能な計画では、再び福島原発事故のような事態を引き起こす。そんな計画は国民も地域住民も納得して受け入れるのを拒否するだろう。

6. 外部被ばくを低減させる最良の対策は除染

野口　邦和◀

除染とは何か

人体や住宅等に放射性物質が付着している状態を「汚染」といい、汚染された人体や住宅等から放射性物質を取り除くことを「除染」（汚染除去）といいます。除染の一般的な留意点は、①汚染後の経過時間が長くなるほど除染しにくくなるため、汚染された場合は速やかに除染する、②除染することにより汚染範囲を広げないよう汚染拡大防止に努める、③放射性廃棄物の量が増えないように作業を工夫する、④半減期の短い放射性物質で汚染された場合、時間経過に伴う減衰を待つ、ことです。また、⑤安価な器材が高濃度に汚染された場合、除染せずに放射性廃棄物とすることもあります。こうした除染の一般的な留意点から見ると、2013年1月に報道された汚染された枝葉や洗浄水等を回収せずに捨てていた手抜き除染は、②から逸脱しており非常に問題です。

手抜き除染が横行する理由は、除染事業が大手ゼネコンや下請企業の利益追求の標的になっているからです。東日本大震災に伴う復興需要により、ゼネコン業界は上げ潮状態にあります。全壊・半壊した道路や橋梁、線路、住宅等の建設など受注は溢れるほどあります。真っ当な事業の対価として正当な利益を得ることは当然であるとしても、除染事業が利益追求の標的になっていることは間違いないでしょう。

それ故、大手ゼネコンや下請企業に対する監視や指導が適切に行なわれなければ、手抜き除染が横行する可能性があります。除染特別地域における除染作業で、労賃以外に作業員に支払われるべき特殊勤務手当が支給されていない問題も同根です。除染について監督や指導を行なうべき環境省が、その意欲と能力を十分に持ち合わせていないのも問題です。世界に類例のない大規模な除染に取り組んでいる自覚を、環境省は持つべきです。

除染しても放射性物質は消滅せず場所を移動するだけであり、「移染」だと批判する人びとがいます。しかし、これは的外れな批判です。放射性壊変による減衰を別にすれば、そもそも環境に漏れ出た放射性物質を消滅させることなど不可能であり、除染とは本質的に移染だからです。しかし、人の居住する場所から放射性物質を隔離して安全に保管すれば、人の被ばくは確実に低減します。筆者が環境放射線低減対策アドバイザーや放射線健康リスク管理アドバイザーを務める福島県二本松市や本宮市では、幼稚園・保育園の園庭と学校の校庭の除染を2011年５～８月に行なった結果、空間線量率は当初の３分の１～５分の１に減少しました。上手に除染を行い、当初の10分の１以下に減少した園庭や校庭もあります。

それなら現在行なわれている除染の何が問題かといえば、除染の留意点②から逸脱した除染のやり方です。除染を行なう優先順位や方法にも問題があります。

優先すべきは居住地域の除染

福島第一原発事故から２年以上経過した今日、環境に残存する事故由来放射性物質はほぼ放射性セシウムに限られます。表層土壌の事故由来ストロンチウム90はセシウム137の1000分の１～5000分の１です。今求められるのは放射性セシウム対策です。

事故由来放射性セシウムはセシウム137（半減期30.17年）とセシウム134（同2.065年）からなり、放射性壊変による減衰を考慮すると、空間線量率は１年後に約８割、２年後に約６割、３年後に約５割、５年後に約４割、10年後には４分の１以下に減少します。実際には降雨などによるウェザリング効果が加わるため、もっと速く減少します。空間線量率の高い汚染地域では、時間経過に伴う減少を待ってから除染することを検討すべきです。一方、空間線量率の低い汚染地域では人が居住しており、安全かつ安心できる生活環境を早期に取り戻すためにも除染を急ぐべきです。

除染の現状

除染は、2012年1月に全面施行された「放射性物質汚染対処特措法」にもとづいて行なわれています。法律の目的は、事故由来放射性物質による環境汚染に起因する人の健康と生活環境への影響を速やかに低減させることで、中心は除染対策と廃棄物対策です。

法律は、国がその地域内にある廃棄物の収集・運搬・保管及び処分を実施する必要がある地域を「汚染廃棄物対策地域」、国が土壌等の除染等の措置を実施する必要がある地域を「除染特別地域」、当該市町村長等がその地域内の事故由来放射性物質による環境の汚染の状況について重点的に調査・測定することが必要な地域を「汚染状況重点調査地域」とし、環境大臣が指定できるとしています。

除染特別地域は「警戒区域」（福島第一原発から半径20㎞圏内）と「計画的避難区域」（事故後1年間の追加被ばく線量が20 m Sv以上）に相当しますが、避難指示区域の見直しにより、現在は「避難指示解除準備区域」（追加被ばく線量が年1～20 m Sv）、「居住制限区域」（同20～50 m Sv）、「帰還困難区域」（同50 m Sv超）に再編されつつあります。

帰還困難区域は高空間線量率の地域であり、国が除染モデル実証事業を実施し、その結果を踏まえ対応の方向性を検討する。国は避難指示解除準備区域と居住制限区域について優先的に除染を実施し、前者については年間追加被ばく線量を2013年8月末までに2011年8月末と比べて50％低減する、長期的には年1 m Sv以下を目指す。後者については2014年3月末までに年20 m Sv以下を目指す、としています。

汚染状況重点調査地域は、追加被ばく線量が年1～20 m Svの地域です。自然放射線由来の空間線量率を毎時0.04 μ Svとすれば、追加被ばく線量が年1 m Svは毎時0.23 μ Svに相当します。地質、地形、標高、気象条件などによって異なる自然放射線由来の空間線量率を一律に毎時0.04μSvとするのは大雑把であるとはいえ、毎時0.23μSv以下を目指して対策実施主体である市町村長等は除染実施計画を策定し、必要に応じて表土の削り取り、住宅の洗浄、側溝の清掃、枝打ち及び落葉除去、子どもの生活環境の除染等に取り組むことになります。

手抜き除染報道は、国直轄の除染特別地域についてのものです。これらの区域では住民の立ち入りや帰宅は認められるものの、宿泊はできません。道路・信号等の復旧状況も一様でなく、実際に立ち入る住民は多くありません。こうした状況の下で除染作業を監視できるのは環境省の監督員だけですが、現在の体制では限りがあります。2013年1月18日に発表された除染適正化プログラムによれば、今後の対応として環境省は除染現場を巡回する環境省職員や委託監視員を段階的に大幅に増やし200人体制にすることや不適正な除染に関する通報等を受け付ける「不適正110番」（仮称）を新設することが述べられていますが、その実効性は不明です。

どう除染すべきか

- 空間線量率の高い汚染地域では、時間経過に伴う減少を待ってから除染すべきです。汚染状況重点調査地域など空間線量率の低い汚染地域では、安全かつ安心できる生活環境を早期に実現するため除染を急ぐべきです。環境省は、優先すべきは現在人の住む居住地域の除染であることを自覚し、それへの支援を強化すきです。
- 未熟な作業者は、汚染を拡大させる可能性が高いといえます。その意味でも、除染は汚染状況重点調査地域など空間線量率が相対的に低い汚染地域を優先すべきです。これは未熟な作業者の除染作業及び放射線防護上の教育訓練にもなり、除染特別地域など相対的に空間線量率が高い汚染地域の除染作業を効率的効果的に進める上で必ず役立つはずです。
- 除染特別地域における手抜き除染は、主に地元と縁の薄い大手ゼネコンや下請企業により行われています。除染特別地域にせよ汚染状況重点調査地域にせよ、地元の形勢を熟知している地元業者を中心に除染作業は進められるべきです。地元業者を利用すれば、地域経済の復興にも役立ちます。

・　除染作業員が決定的に不足しています。除染の意味や除染の工法について教育し、作業者を大幅に増やすことが必要です。

・　汚染状況重点調査地域の当該市町村長等は、環境省の定めた「除染関係ガイドライン」に従って除染を行なわなければなりません。ガイドライン以外の工法では、事業費が国の補助対象にならないからです。2011年12月に公表されたガイドラインには新たな工法が取り入れられておらず、現状とそぐわない工法になっていると指摘されてきました。指摘を受けようやく2013年5月に除染効果の高い新たな技術等を取り込んだガイドライン（第2版）が公表されましたが、今後も随時見直され改訂されるべきです。

・　仮置き場が確定しない限り、除染を促進させることはできません。仮置き場が決まりにくい理由は、安全性に対する懸念はあるとしても、2015年1月から開始予定の仮置き場から中間貯蔵施設への搬入が危ぶまれるからです。双葉郡内に設置予定の中間貯蔵施設は、地元自治体と調整段階にあり、先行き不透明です。「中間貯蔵施設等の基本的な考え方」の中で「国は、中間貯蔵開始後三十年以内に、福島県外で最終処分を完了する」と記されているものの、見通しはまったくありません。除染が必要であることは多くの住民が理解しているのですから、国は中間貯蔵施設と最終処分場について、現実的で具体的なロードマップを提示すべきです。

・　仮置き場の選定に苦慮している汚染状況重点地域では、除染した土壌等の減容化が重要です。研究・開発は必要ですが、既に実用化段階にある技術に光を当て普及することが重要です。たとえば椿淳一郎・名古屋大学名誉教授等が開発した除染した汚染土壌の減容化技術は十分に実用段階にあり、小型トラックで運搬可能、溶剤処理も不要で環境負荷も少なく、地元の中小業者が取り扱いやすい技術です。

おわりに

避難指示区域では、除染後に商店や病院は再開するのか、仕事は再開できるのかという生活再建の道筋を見出せなければ、決して人びとは戻ってこないでしょう。除染は、原発事故災害を克服する第一歩でしかありません。しかし同時に、大きな一歩になるはずです。

警戒区域と避難指示区域の概念図

平成25年5月28日時点

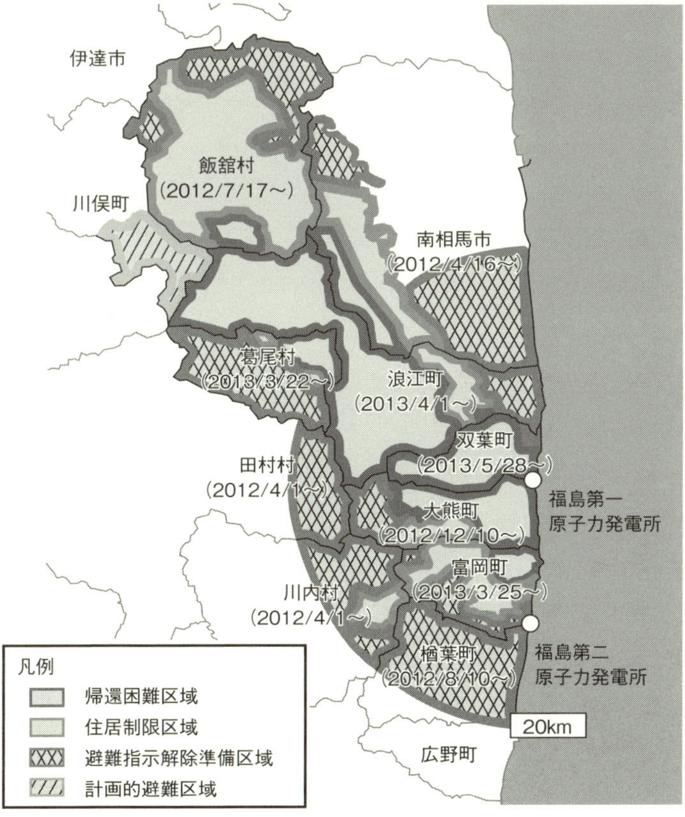

7. 原発と活断層をめぐる問題

児玉　一八◀

「揺れ」と「ずれ」による被害

原発が立地する各地で、周辺や直下の活断層が問題になっている。原発敷地内に活断層が存在する可能性が高いとして、原子力規制委員会が専門家による現地調査を行うものだけでも、日本原子力発電（原電）・敦賀、関西電力・美浜、同・大飯、日本原子力研究開発機構（原子力機構）・もんじゅ、北陸電力・志賀、東北電力・東通の６原発にのぼる。すでに現地調査が行われた原発のうち、敦賀原発２号機の直下の破砕帯について規制委の専門家チームは活断層と断定し、同機は廃炉が濃厚となった。大飯原発では全員が「活断層である可能性を否定できない」との認識を示し、東通原発も敷地内の調査によって全員が活断層の可能性を指摘した。

原発と活断層をめぐって問題になっているのは、①地震の「揺れ」による被害と②敷地の「ずれ」による被害─の２つである。

福島第一原発事故は、東北地方太平洋沖地震の地震動（揺れ）と津波を引き金にして発生したシビアアクシデント（苛酷事故）である。東京電力は事故の原因を津波に限定しているが、国会事故調査委員会の報告書は地震動によって小破口冷却材喪失事故が発生した可能性が大きいことなどから、地震動によって原発の重要機器が破損したと考えられることを指摘している。

敷地の「ずれ」による被害として、新潟県中越沖地震による柏崎刈羽原発３号機の変圧器火災事故があげられる。地震による地盤沈下（ずれ）が引き金になり、油漏れとショートで２時間にわたって燃え続けたのである。原子炉では、制御棒が挿入されて核反応が止まっても、炉内に蓄積した放射性物質が膨大な崩壊熱を出しているため、炉心を冷却し続けなければならない。変圧施設は、原子炉が停止した際に外部電源を受けるという非常に重要な役割をもっている。それが敷地の「ずれ」により火災を起こしたのであり、炉心の冷却機能が失われかねない重大な事故であった。

原発の耐震設計の問題点

原発の耐震設計とは、敷地を最強の地震が襲った場合でも、放射性物質を漏出する損傷が起こらないように、建物や機器、配管系などを設計することである。そのためには、敷地に最大の影響を与える地震動を的確に想定しなければならない。ところが電力各社は、活断層の長さを短く「値切って」評価したり、存在する活断層を評価対象から外して「消し去る」ことまでやってのけて、地震動を過小評価してきた。

地震動が原発の構造物にどのような影響を与えるかの評価は、「大崎スペクトル」という応答スペクトルによって行う。兵庫県南部地震ではこの方法で導かれる基準地震動を上回る地震動が観測され、2007年の能登半島地震と新潟県中越沖地震でも原発の耐震設計値を上回る地震動が観測され、「大崎スペクトル」による評価法の破綻を明確に示した。

耐震安全性を評価する作業の根底をなす地震の想定が根本的に間違っており、地震動の評価と耐震設計がきわめて不十分であることは、くりかえし指摘されてきた。しかし、国や電力各社はこれに耳を傾けず、東海地震の想定震源域の真上に浜岡原発を建設・運転するなど、国民の生命と財産の安全を無視した原発推進を続けてきた。こうしたやり方が、ついに福島第一原発事故を引き起こしたのである。

日本列島は、東北日本が北米プレート、西南日本がユーラシアプレートに乗っており、そこに太平洋プレートとフィリピン海プレートがぶつかっているという複雑な地殻構造から成り立っている。そのため、太平洋に面する地域で大規模な海溝型地震と、規模は比較的小さいけれども狭い範囲に大きな被害をもたらす内陸直下型地震の、２つのタイプの地震が起こる。地球上の地震の約１割が日本列島で発生すると言われており、こうした地域に50基もの原発が立地している国は日本だけである。
こうしたことをふまえて、原発の耐震安全性にかかわる事例として志賀原発と活断層の問題を紹介したい。

志賀原発と能登半島の活断層

能登半島には数多くの断層が存在しており、能登半島の形成そのものに断層運動が大きくかかわってきた。中でも、志賀原発の北約9㎞に推定される富来川南岸断層が活動すれば、原発に重大な影響を与えると考えられる。
石川県の住民運動と科学者は、立石雅昭・新潟大学名誉教授の指導のもとで2012年春から行った調査により、富来川南岸断層が確かに存在して活動している証拠をつかんだ。また、志賀原発の直下や敷地近傍にも活断層が存在していることが指摘されており、富来川南岸断層が活動すれば原発直下の断層も連動して動いて、原子炉建屋などに深刻な影響をもたらす危険がある。ところが北陸電力は、富来川南岸断層を志賀原発の耐震設計の評価対象から外すなど、安全を軽視し続けてきた。
住民運動と科学者が、能登半島においてどのように活断層調査を行ってきたのか、その方法について説明しよう。
活断層の存在と活動を知るカギとなるのが、砂浜海岸の波打ち際での砂の堆積と隆起であり、原発の耐震安全性に関しては今から13万〜12万年前頃に堆積した海の砂が、現在はどれほどの標高にあるのかが問題となる。
砂浜海岸においては、陸側の高まりから下がっていって汀線（海岸線）になる。ふだん海面の干満によって汀線が行ったり来たりするところを「前浜」、大波が来た時にずっと陸のほうまで打ちあがって砂の高まりをつくることがあり、これを「浜堤」と呼ぶ。汀線から浜堤のあたりまでが「後浜」、前浜から続いて砂がたまっている海底の部分が「外浜」である。前浜から後浜にかけて堆積する砂が、活断層運動を明らかにする上で重要になる。

第四紀といわれる現在から約250万年前までのうち、氷期と呼ばれる特に氷河が発達した時期には、海面が世界中で下がっていたことが知られている。約２万年前の氷河最拡大期には、海面が100 ｍほど下がっていた。氷期が終わると海面が上昇し、約6000年前の縄文海進最盛期には海面は現在よりも２～３ｍほど高くなった。また、約12～13万年前の最終間氷期最盛期も、海面が現在より５ｍほど高かった。

海面の高さが一定の間安定していると、その海面に対応した地形が形成される。その地形が離水すると、平坦な段丘面と急な階段状の地形が形成され、これを海成段丘と呼ぶ。能登半島は海成段丘が半島のほぼ全域を縁どって分布している。同じ時代に形成された旧汀線が、現在では異なった高度に分布していれば、それは海岸域で地殻の上下変動が起こったことを示す指標となる。約12～13万年前の最終間氷期最盛期に形成された海成段丘は、各地で普遍的に見られる。

個々の原発で活断層問題の科学的評価を

住民運動と科学者の調査によって、志賀原発から約5㎞北方の牛下の標高42 ｍの地点で、海で堆積した砂の層（海成砂層）を見出した。さらに、牛下の約1㎞南の巌門での地表踏査で観察した標高38 ｍの露頭（崖）において、下から前浜、後浜、砂丘に至る一連の、明らかに海で形成された堆積物の層を発見した。一方、富来川北岸の八幡では海成堆積物は標高約20 ｍにあった。

これらのことは、12～13万年前の最終間氷期以降、富来川左岸の地域が、右岸に比べて２倍に達する速度で隆起したことを意味する。この違いをもたらしたものは何か。志賀原発から北約9㎞の、富来川の南にそって走っていると想定されている富来川南岸断層が活動したことによってこの標高差が生じたと推定するのが、最も合理的である[1,2)]。

2007年の能登半島地震では、震源断層の南の能登半島北西岸では隆起事象が観察された。この時の変位量と、志賀原発周辺の段丘面の高度や地形には類似性があることから、能登半島西岸の海岸地域の隆起変動の多くが、地震に伴う間欠的隆起によるものと推定される。

志賀原発の敷地内断層も指摘されている。原子力安全・保安院（当時）の 2012 年 7 月 17 日の意見聴取会では、委員から「典型的な活断層が炉心の下を通っている代表的な例ではないか」との意見が述べられ、福浦断層や海岸の断層が起こした地震動が敷地内のずれをもたらしている可能性をきちんと評価すべきとの指摘も出された。

石川の住民運動と科学者はこうした意見をふまえて、2013 年 3 月に志賀原発敷地境界から約 500 m 東を通る福浦断層を調査し、40 万年前以降の段丘堆積物に相当する地層を切っていることを明らかにした。地震調査研究推進本部は活断層の活動年代の目安を 40 万年前としており、この考えにたてば福浦断層は活断層である。

志賀原発は標高約 20 m の段丘面を掘削して立地しているが、このことは地震性地殻変動で海岸が少なくとも 20 m 隆起したところに建っていることを意味する。海成段丘面を隆起させた地震は沖合の海底活断層が起こしたと推定され、この地震による原発への影響を科学的に評価しなければならない。日本の原発はすべて海岸部にあり、海成段丘面に立地しているが、このことは原発の耐震設計において問題とされてこなかった[1)]。

志賀原発を事例として述べた活断層問題を、全国の個々の原発において科学的に評価することが急務と考える。

1) 立石雅昭「地震列島日本の原発―柏崎刈羽と福島事故の教訓」東洋書店、2013 年

2) 児玉一八「活断層上の欠陥原子炉 志賀原発―はたして福島の事故は特別か」東洋書店、2013 年

8.　福島原子力発電所の地下水は廃炉作業の死活問題

本島　勲◀

東京電力福島第一原発では、炉心溶融した燃料を冷却するために注水作業が進められている。冷却水は、大量の地下水の流入とともに放射性汚染水として増大し続け、建屋地下階に貯留して廃炉作業を妨げている。また汚染水を貯蔵していた地下貯水槽からの漏えいは事態をさらに困難にしている。こうして、原発における地下水問題がマスコミを賑わし関心を高めている。これまでこうした地下水問題はほとんど話題にならなかった。地下水、とりわけ岩盤地下水は日常の生活に直接影響することはほとんどなかった。それは、原発が日常生活圏から離れているとともに地下水は直接触れることができないなど、その特殊性にある。

岩盤地下水の特殊性

地下水とは、太陽のエネルギーや地球の重力によって大気、地表、地下、そして海洋をめぐる水循環における一姿態として地下に存在する水である。気象、天文とも極めて密接な関係にあり、三次元的な流れである。

原発の原子炉は、固い岩盤の上に建設されている。岩盤を構成している岩石は、我が国では古来、激しい地殻変動の影響を受け、岩石固有の空隙や割れ目などが存在している。地下水はこの空隙や割れ目に存在し流動しており、砂や砂利などのような未固結で軟弱な地層の中の地下水とは異なり、その存在や流動状況は極めて複雑である。　それは局所的で不飽和な流れのことがあり、流速などは場所により不規則に変化し地下水面もはっきりした水面形を示さない場合がある。地表面付近の未固結な地層での地下水が流動している時間は２～３年程度であるのに対して、岩盤では 20 ～ 30 年以上の場合が多く 100 年以上の地下水も確認されている。

岩盤地下水の流動を支配する透水性（地下水の流れ易さ）は極めて低い値から高い値の広い範囲を示し、そのばらつきは極めて大きい（図-1）。また、その値は、岩石が生成された時代、堆積岩と火成岩さらには地殻変動の影響などによって大きく異なる。

岩盤地下水の水圧は、原発の安全性にかかわる重要な要因の一つである。岩盤の地下水は基本的には深部になるに従い高くなる（静水圧分布）が、岩盤の割れ目などに支配されて複雑な圧力分布を示す。図-2は、海水面付近で異常に高い値を示す例である。このような水圧は原子炉等を持ち上げる揚圧力として作用する。

さらに、海岸付近の地下水には淡水と海水との密度の相違から生ずる陸地の地下水へ海水が侵入（海水楔）するなど特有の現象が存在する。

原子力発電所にかかわる地下水問題は、こうした岩盤地下水の特殊性を認識した対処が重要である。とりわけ原発事故の場合、放射性物質の

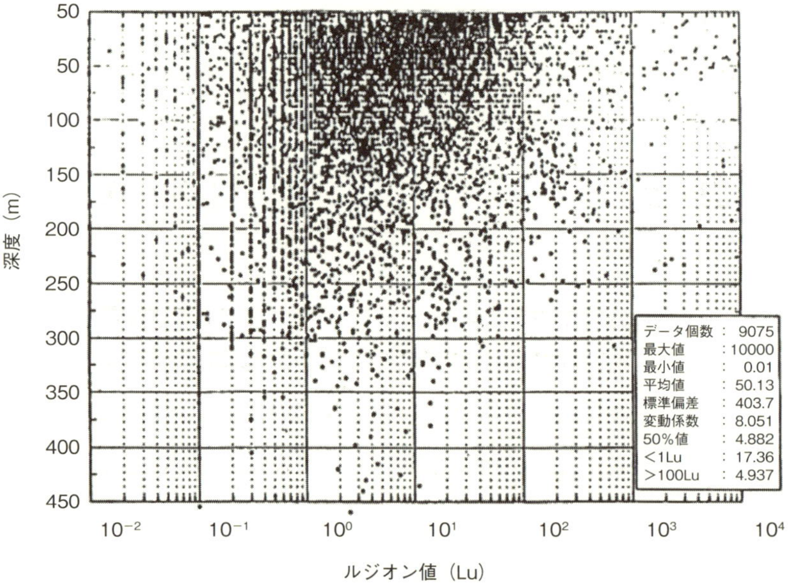

図-1　岩盤の深さと透水性との関係
（ルジオン値：岩盤地下水の流れ易さの単位）

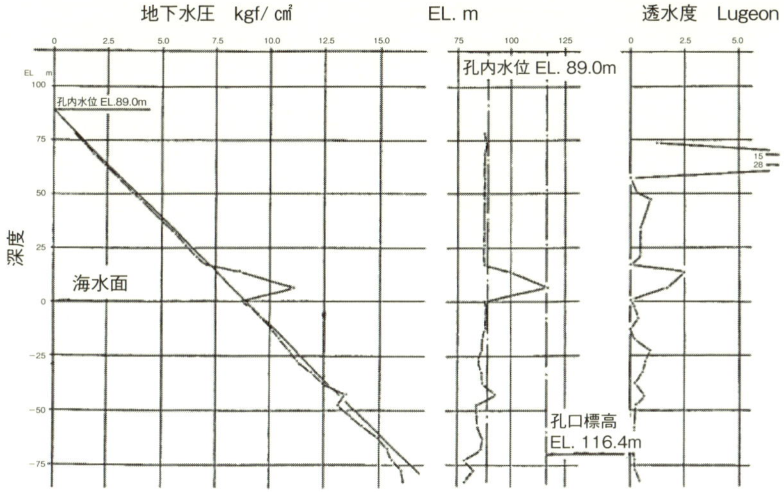

図-2　岩盤の地下水圧の分布

環境への漏出に地下水の関わりが極めて重大であることを銘記しなければならない。

東京電力の地下水流入抑制対策

福島第一原発建屋地下階などへの地下水の流入は、1日約400㎥、汚染水は、地表タンク、地下貯水槽および建屋地下階など合わせて合計約40万㎥、25ｍプール約530杯分に及ぶという。今後、建屋地下階の汚染水は、排出し続けなければならない。そのためにも増大する汚染水対策、地下水の流入抑制対策と抜本的な貯水対策が重要な課題となる。

東京電力は、建屋の山側にボーリング孔を12本削孔し、地下水を揚水して建屋周辺の地下水位を低下させ、建屋地下階への地下水の流入を抑制する「地下水バイパス計画」を実施しようとしている。

また、建屋周辺には、建屋底部への地下水の流入の防止や建屋に働く揚圧力の防止を目的としたサブドレーンが配置されている。大事故以前には1～4号機合わせて1日約850㎥の揚水が行われていたというが、地震と津波によって破壊し瓦礫などが混入して機能していない。このサブドレーンを回復させ建屋周辺の地下水をくみ上げ、地下水の流入を抑制する。

一方、汚染水が、海洋に流出し汚染することを防止するために、海側に鋼管矢板による遮水壁の設置を進めている。さらに、この遮水壁の内側に地下水ドレーンを設置して地下水位の管理を行うとしている。

汚染水処理対策委員会の地下水流入抑制対策

汚染水処理対策委員会は、廃炉対策推進会議（議長　茂木経産大臣）での議長指示により、汚染水処理問題を根本的に解決する方策などを検討することを目的に設置された。委員会は大西有三京都大学名誉教授を委員長に東京電力2名を含む14名の委員によって構成され、「地下水の流入のための対策（2013. 5）」をまとめた。

同「対策」では、地下水流入抑制のためには東京電力が取り組んでいる地下水バイパスとサブドレーンなどによる対策が十分機能しないリスクに備えるために抜本的対策の柱として原発全体を取り囲む陸側遮水壁の設置を講ずるべきであるとしている。この遮水壁として、凍土遮水壁、粘土系遮水壁さらにグラベル（砕石）連壁の3案が検討され、遮水効果、施工性などを考慮して凍土遮水壁が適切であると判断した。

凍土遮水壁は、鹿島建設による提案である。地盤中に凍結管を適切な深度まで所定の間隔（例えば1m）で設置して凍結管内に冷却材を循環し、管の周りを凍結して凍土の壁を造成、建屋地下階への地下水の侵入を遮断しようとするものである。施工工期は概ね1年とされている。

凍土遮水壁の造成イメージを図‒3に、また凍土による遮水壁の特徴が以下に挙げられている。

・　凍土は、融解しない限り遮水機能を維持する。
・　凍土は、地震によって割れ目などが生じても再固結することによる自己修復性を持っている。

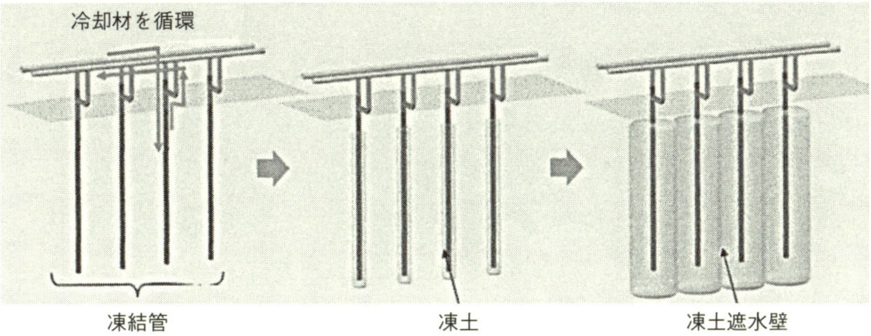

図-３　凍土遮水壁の造成イメージ

・　凍土は、電源が喪失しても数か月から１年程度は完全には融解しないため遮水機能は維持できる。
・　凍土の温度を遠隔モニタリングすることによって視認できない地中壁の健全性を確認できる。

なお、汚染水処理対策委員会で検討された粘土系遮水壁は大成建設により提案されたもので、粘土鉱物を主体として地中に壁を造成して地下水を制御し、建屋地下階への地下水の侵入を遮断しようとするものである。変形などへの追従性に優れ、地震などによる割れ目が生じにくいという利点がある。また、この工法は国内外での実績を有している。グラベル（砕石）連壁は、株式会社 安藤・間による提案で、施行中の地下水変動を防止しつつ砕石で充填し連続壁を地中に設置して、最終的にセメントミルクなどを砕石に注入して遮水壁を構築する。

地下水流入抑制対策の基本的検討

1)　福島第一原発周辺の地質・地盤には、中粒砂岩、砂岩と泥岩との互層および泥岩とが分布しており、これらは山側から海側に傾斜している。またこれらの地層の上には未固結な砂礫、砂、粘土、ロームなどが分布している。

地下水抑制対策は長期の対策であることをも鑑み、原位置調査を基に地質構造を3次元的に把握し、各地層の地下水の流れ易さなどの地下水理特性・水理地質構造の具体的な解明と海岸付近であるという特殊性をも含めた岩盤地下水を正確に把握することが重要である。

2） 汚染水処理対策委員会は原位置での実証試験を実施することなくジェネコンの室内実験結果などを基に凍土遮水壁を適切と判断した。この判断は、岩盤内の地下水の複雑さを考慮すれば今後の実施に当たって重大な禍根を内在する。粘土系遮水壁、グラベル（砕石）連壁をも含めて原位置での実証試験を慎重に実施し、再検討されることが望まれる。

3） 原子炉への冷却水の注入量は、1日400㎥、これに地下水の流入約400㎥が加わり汚染水を増大させている。政府と東京電力は炉心溶融した燃料の取り出しを2020年度上半期までに開始する廃炉ロードマップ改定案を公表（2013.6）したが、そのためには溶融燃料の場所の特定や原子炉損傷個所を修理しなければならない。汚染水の排除が当然必要になる。その貯水タンクはもとより永久構造物としての本格的な地下水貯水槽の建設さらには汚染水浄化装置の新たな建設を行い汚染水に対処すべきである。

4） 今回、汚染水処理対策委員会が採用した凍土方式は、我が国はもとより海外においても長期間の運用実績はない。放射線環境下での地下水抑制対策は初めての挑戦でもある。土木、地質、地下水、さらには原子力など関連学協会の学術的総意を結集すべき体制が必要である。

参考資料

揚水式発電所地点の地下水調査法
—岩盤の地下水理特性と岩盤地下水の特徴—（本島　勲　電力中研　研究報告　1998.1）
地下水の流入抑制のための対策（汚染水処理対策委員会　2013.5.30）
汚染水処理対策委員会（経産省）資料

9. 原発ゼロへの道

清水　修二◀

レベル７といいながら福島原発事故はチェルノブイリ事故と比べれば小規模にとどまったし、災害の広がりとその深刻さ（住民の被曝線量）も格段に小さかった。ベラルーシでは３万人の子どもが甲状腺に1,000ミリシーベルト超の被曝をしたとされているのに対し、福島では最大30ミリシーベルト程度と推定されている。不幸中の幸いというべきだが、原発事故・災害の評価は「結果論」で済ませてはならない。現場対応のまずさと天候次第ではそれこそ首都圏が全滅するほどの被害になった可能性がある。また、「チェルノブイリに比較すれば」小規模であったとはいえ、それでも被害は計り知れないほど深刻で、それが今後数十年に亘って被災者を苦しめることになるのは確実だ。二度とこのような惨事を引き起こさないよう、「福島を教訓にする」最大限の努力をしなければならない。ところが現実は逆で、福島事故はまるでもう過去の出来事になったかのように、政府は原発の再稼働や輸出を公言するし、国民の関心も急速に薄れつつあるように思われる。あまりにも早い「清算」過程の進行に驚くばかりだ。

事故のあと、何度か地方選挙が行われた。原発問題が争点になった（あるいはなるべき）県や市町村選挙で、いわゆる反対派が勝利したケースは１つもなかった。昨年暮れの総選挙では、またこの夏の参議院選挙でも「原発より経済」の風潮が支配するなか、原発問題は二の次の扱いだった。

福島県議会は2011年10月、県内全原発の廃炉を求める請願を採択した。知事も同調して東電と政府に繰り返しそれを求めているし、大部分の福島県民もその思いを共有していると言っていい。「県内全原発廃炉」の要求は、脱原発を国策にせよと求めているわけではない点で、反原発サイドからは後退した獲得目標にみえるかもしれない。しかし、全国の原発を止めなければ福島原発を止めることはできないと考える必要はないし、それより、福島原発すら止めることができないのであれば、全原発の廃止など空論というべきだ。現実を見れば、国内全原発の廃炉は前途遼遠である。「県内全原発廃炉」の声には、福島県民の孤立感・疎外感が微妙に反映していることを認識すべきだ。

福島事故の後、全ての原発が停止する事態が到来したとき、原発の立地する基礎自治体が見せた姿勢は象徴的だった。地元経済の沈滞、雇用の喪失、財政問題を唱えて再稼働を公然と求める首長たちの発言は、まるで原発が永久に稼働し続けるものと信じているかのように聞こえる。あらゆる原発は早晩、運転終了・廃止の時期を迎える。それが早まったからといって天下の一大事のように言うのは、目先のことしか考えていない政治家の不見識と評するしかない。福島事故・災害の実態を真面目に見据える立場に立つなら、むしろ「運転停止ではなく廃炉の決定を」と要求するのが真っ当な対応だろう。廃炉はかなり長期に亘る工事であり、それなりの経済効果は望めるからである。

ところで全国規模で原発ゼロを実現するためにはどんな方法があるか。第1は法律の制定である。ドイツは福島原発事故の直後に17基中の8基を停止し、残りの9基も2022年までに順次停止し廃炉にすることを法律で決めた。日本では脱原発法制定全国ネットワークが福島事故後にあらためて「脱原発基本法案」を提案し、2020～2025年に全原発を停止する法律の制定運動を繰り広げている（2013年3月11日に参議院に法案提出）。またそれと並行するように「さようなら原発1000万人アクション」が1,000万人署名運動を展開している。いわば首相官邸と国会を包囲して国政を動かし、国策の変更を迫ることで原発ゼロを実現しようという運動だが、昨年の総選挙と先般の参議院選挙の結果生まれた国会の議席状況に鑑みれば、当面実現の見込みは小さいと言わざるを得ない。

第2に、国民投票をしようという運動がある。法的拘束力のある国民投票にするためには憲法改正が必要だが、政治的・道義的拘束力なら法律のレベルで国民投票に付与することはできる。福島事故の後６月にイタリアで国民投票が行われ、脱原発への賛成が94.05％に達した（投票率は54.79％）。仮に今、日本で原発をめぐる国民投票を実施したらどんな結果が出るだろうか。原発に対して強い心理的・感情的な嫌悪感を示す国民はかなり多いと思うが、「廃止」という理性的・現実的判断にまで踏み出す国民が多数を占めるかどうかは分からない。投票に当たっての選択肢の立て方にもよるが、原発ゼロの結果が出る保証はないと言わなければならない。しかし結果如何にかかわらず、国民投票をする意味はあるだろう。福島原発事故・災害を経験した上で国民が原発とどう向きあうか、厳しく問われているのは確かだからである。

第３の方法は運転差止等を求める裁判である。2013年３月15日現在、損害賠償請求訴訟を除いて全国で32の訴訟が提起またはその準備中だということである（『法と民主主義』No.476）。運転差止のほか、再処理工場等については事業許可取消を求めている。国民投票と同様裁判も両刃の剣で、結果が裏目に出るリスクは常に覚悟しなければならない。裁判官は法律の土俵上でしか判断しない傾向があり、法的な手続にさえ瑕疵がなければ合法だという趣旨の下、安全性問題に関して正面からの判断を避ける恐れがある。しかし全国でこれだけ多数の裁判が一斉に提起されるのはもちろん前代未聞であり、福島事故を踏まえた裁判所の判断が、まさか判で押したように横並びにはならないだろうとの観測も成り立つ。裁判は時間がかかるが、全国で各個撃破的な形で裁判が闘われることの、政治に与える影響は大きいと思われる。

第４に、電力会社自体が、経営的な視点に立って原子力発電からの撤退を選択する可能性はないかどうか。いわばアメリカ的なビジネスの次元での脱原発である。ひとたび大事故を起こせば（事実上）会社が潰れるということは、今度のことで明確になった。大事故は電力会社にとっても破局的だ。これまで日本の電力企業は「国策を押しつけられてきた」面がある。核燃料サイクルが、経営的な観点からすれば上策でないことは業界の常識になっているのではないかと推測される。地域独占と総括原価方式で維持されてきた原子力発電が、電力自由化の進展によってその前提が崩れる環境変化の中で、ますます経営的優位性を失っていく可能性は高いと見られる。一朝一夕には進まないプロセスだとは思うが、注視すべき側面ではあろう。

第5に、ある意味でもっとも重要な鍵を握っているのは「地域」である。裁判にしても特定の原発が対象になる以上は地域問題の性格を帯びる。国民投票は実現可能性が小さいとしても、県民投票や市町村民投票なら十分に可能性がある。しかし問題は、原子力施設の地元がなかなか原子力の呪縛から自由になれない現状があることである。東海村など若干の例外はあるが、前述のとおり、既設原発の再稼働を強く求めているのは地元自治体の首長たちだ。

福島原発事故・災害によって原発の「利害関係自治体」の範囲は大幅に広がった。原子力規制委員会は「地域防災計画」の策定を要する地域の範囲をこれまでの8～10キロから30キロ圏に拡大した。しかしながら政府は、こうした広範囲の関係自治体が原発の設置や稼働にかかわる意思決定にまで関与することは阻止する構えでいる。関係自治体としては、シビア・アクシデントを想定した防災計画は現実に策定不可能であると主張することで相当の影響力を行使することは可能だろう。ニューヨーク州ロングアイランドのショーラム原発が、万一の場合に避難ができないとの理由で防災計画の策定を自治体から拒絶され、完成したにもかかわらず一度も稼働しないまま廃炉になった例（1989年決定）がある。

地域にとって防災以上に大きな問題は、経済である。ここでも「安全より経済」の風潮は根強い。原発が廃止になったら地元地域の経済がもたないと主張される。しかし、まず前述の通り、停止・廃炉の時期はいずれ必ず到来することを見ないのは不見識である。また、原発の立地とそれによる経済的利益の発生はセットなのであり、一方が失われれば他方も失われるのは当然と覚悟することが重要である。その上で、どうしたら地域経済へのダメージを小さくしソフトランディングできるかを考えるのがまともな順序だ。

原発は国策で地域に立地されてきたのだから、原発依存からの地域の脱却も国策に位置づけるべきである。かつて石炭から石油へのエネルギー転換の際に全国で起こった炭鉱閉山の事例を振り返りながら、雇用対策や中小企業対策を国の責任で法制化していけば相当なことはやれるはずだ。廃炉工事があるので雇用が突然に失われるわけではなく、対処するための時間はある。財政面からは、電源三法をどうするのか、完全に廃止するのか改編して活用するのかが検討課題だ。電源開発促進税は名前を変えて存続させ、目的・使途に原発の廃止を掲げるのも一方法である。財政の舵を、全体として原発からの撤退の方向に切り替えることだ。現政権にそれを期待するのは、まさに木によって魚を求めるに等しいだろうが、地域ないし地方自治体の意思次第で、その方向にもっていくことは必ずしも不可能ではなかろう。

第4章 事故現場の現状
―増大する汚染水と遠い事故終息

1. 福島第一原発のいま、今後の放射能対策と放射線影響

野口　邦和◀

1.1 福島第一原発のいま

事故炉の状態

事故炉（1～3号機）の現状については、私たちだけでなく政府を含め、東京電力以外の者には正確にはわからない状態といえます。したがって、東京電力が発表している情報に依拠しつつも、筆者の見解を交えて紹介します。

外部電源から受電した電動ポンプを用いて、給水系配管と炉心スプレイ系配管から事故炉への注水が行われています。事故炉（1～3号機）の注水量は合計毎時15トン、1日当たり約360トンで、循環注水冷却システムは一応保持されています。（循環注水冷却システムについては図4.7参照）ただ、事故炉を冷却した水は汚染水となって、原子炉建屋地下からタービン建屋地下に漏れ出ています。タービン建屋地下の汚染水は電動ポンプで汲み上げられ、放射性セシウム（セシウム137とセシウム134）などの放射性物質と塩分を除去した後の処理水を再び冷却水として事故炉に送る、循環注水冷却システムの全長は約4㎞もあるといいます。これだけ長いと、パイプの継ぎ目からの水漏れの可能性も増えます。現在の循環注水冷却システムの全長を短縮することも必要です。

いずれにせよ循環注水冷却システムの構築により、事故炉の原子炉圧力容器底部の温度は30～40℃台（2013年7月現在）で維持されています。

また、使用済燃料プール（1～4号機）についても循環冷却システムが一応保持されており、使用済燃料プール水温度は20～30℃（同年7月現在）で維持されています。2013年3月に原発内で大規模な停電が起こり、使用済燃料プールなどが一時冷却できなくなる事故が発生しました。原因は、電力供給が止まった設備につながる仮設配電盤の内部にネズミが入り込み、配電盤をショートさせた可能性が高いと発表されました。不都合な事態が起こると、あまり調べもせずネズミやヘビを原因として持ち出すとの東京電力関係者の指摘もあってにわかには信じがたい事態ですが、仮に本当ならば、事故から2年以上経ってもなお停止した多くの設備で、電源トラブルの際に別系統から電力を引くバックアップ体制が構築できておらず、脆弱であったことになります。電力供給設備のバックアップ体制の充実が早急に求められます。

流入し続ける地下水と増加し続ける放射性処理水

原子炉建屋やタービン建屋地下のコンクリート壁面は大地震により損傷し、そこから地下水が建屋内の地下に流入し続けています。流入した地下水と事故炉を冷却した汚染水が混合し、全体が汚染水となっています。建屋内の地下に流入する地下水は1日当たり400トンで、汚染水（放射能濃度10^4～10^5ベクレル/㎤）が毎日400トンずつ増加している勘定です。汚染水から放射性物質や塩分を除去後の処理水（同10^3～10^4ベクレル/㎤）は、地上に設置された鋼鉄製タンクに溜められています。事故現場では事故炉と燃料プール内の使用済燃料の冷却維持は依然最重要課題ですが、流入し続ける地下水の低減対策と増加し続ける処理水の保管対策が非常に重要な課題となっています。東京電力は今後2年半の間に最大で70万トン貯蔵できるだけのタンクを増設するようです。さらに20万トン追加するという報道もあります。なお、汚染水の浄化システム（米キュリオン、仏アレバ、東芝サリー）のうちキュリオンとアレバはトラブル頻発で運転停止中、かろうじてサリーのみが運転中という状態にあります。浄化システムで約10分の１の濃度に浄化された処理水は、塩分除去された後に多核種除去装置（ALPS）により、サリーなどの浄化システムで除去できなかった放射性核種を除去することになっています。しかし、７月現在、ALPSはホット試験段階にあり、その実用性・実効性は不明です。

地下水量の低減対策については、効果大と考えられている建屋地下の地下水流入部を見つけ塞ぐこと、建屋近傍にある井戸から地下水を汲み上げて地下水位を下げることが急務です。ただ、地下水位を下げすぎると、今度は逆に建屋内の汚染水が外部に流出することにもなりかねません。それは絶対に避けなければならないため、その按配はなかなか容易でなく非常に難しいと思いますが、早急に手を打たなければ原子炉の廃止措置に向けた作業を大きく妨げる事態に陥りかねないと懸念しています。

2013年４月初め、原発構内に設置した７つの地下貯水槽の３つから処理水が漏洩する事故がありました。地下貯水槽は地下に掘った穴にシートを三重に敷いた構造（一番外側がベントナイトシート、内側は二重のポリシート）をしており、放射性処理水を３～５%の漏水が認められる農業用水の溜め池並のシート式地下貯水槽に溜める東京電力の安全性欠如感覚には驚かされます。地下貯水槽の処理水は６月初めまでにすべて地上の鋼鉄製タンクに移されましたが、学校のプールをもちだすまでもなく漏水しない地下貯水槽の施工技術は、すでに十分に確立しています。原発敷地内の空間線量率が高いというなら敷地外に土地を確保して施工すればよく、事故後２年経ってもこのようなお粗末な施設を施工するとは、東京電力にはそもそも放射性物質を取り扱う資格があるのかと疑わざるを得ません。

6月初め、今度は地上の鋼鉄製筒型タンクで漏水が見つかりました。筒型タンクの約92%に相当する247個は、鋼鉄製の板を継ぎ合わせて継ぎ目をボルトで締める構造になっており、継ぎ目からの水漏れでした。継ぎ目からの水漏れは、すでに2012年に3件発生していたといいます。継ぎ目を覆うパッキンも5年程度しか持たないという専門家の指摘もあります。放射性処理水を保管するのであれば本来、継ぎ目を溶接することは常識でしょう。ここでもまたすでに存在する、十分に確立された技術が使われていないことに驚かされます。溶接接合していない鋼鉄製筒型タンクは、溶接接合のタンクに順次取り替えるべきです。

放射性物質の放出量は？

放射性物質の大気中へ現在の放出量は1時間当たり0.1億ベクレル、事故直後のだいたい8000万分の1と評価されています。事故当初の2011年8月までは、原発敷地周辺における空気中放射性物質濃度（ダスト濃度）を測定し、ガウス拡散モデルにより格納容器からの放出量を評価していました。その後、評価精度を上げるため、放射性物質の放出源により近い、事故炉（1～3号機）の原子炉建屋上部の空気中放射性物質濃度を測定した結果にもとづいて評価するようになりました。また、1号機原子炉建屋カバー排気設備や事故炉（1～3号機）の格納容器ガス管理設備の設置後は、これらの設備を利用して格納容器からの放出量を評価しています。したがって、現在の評価値はそれほど間違っていないと考えています。事故から2年以上経った現在、主に放出されているのは放射性セシウム（半減期30.17年のセシウム137と同2.065年のセシウム134）とクリプトン85（同10.776年）です。現在は事故直後に溶融した核燃料が再固化し、福島県郡山市の名物菓子として知られる「薄皮まんじゅう」のような状態で水中に存在しており、薄皮部分が30～40℃より少し高い温度の状態にあると考えられます。クリプトン85は希ガスですから再固化燃料から放出されていますが、放射性セシウムが40℃程度の再固化燃料表面から放出されているとは到底考えられません。事故直後に原子炉建屋内に漏洩した放射性セシウムが、建屋が十分に塞がれていないために常時少量が上昇気流によって建屋外部に放出されており、それが１時間当たり0.1億ベクレルだと考えています。

いずれにせよ大気中に現在も放出されているのは主に放射性セシウムとクリプトン85で、これに起因する原発敷地境界における外部被ばく線量（ほとんどが放射性セシウムによるもの）は0.03ミリシーベルトと評価されています。

廃止措置に向けた中長期ロードマップは？

2011年12月に野田佳彦政権（当時）が、彼らの言うところの「ステップ2」が完了した段階で、事故の「収束宣言」をしたのがそもそも間違いだと筆者は考えています。流入し続ける地下水と増加し続ける処理水の保管に四苦八苦している現在の事故現場の深刻な状況を見れば、また今も福島県内外に15万人を超える避難者がいることを見れば、事故が「収束」とはほど遠い状態にあるのは誰の目にも明らかです。

政府が事故直後の４月中旬に発表した「福島第一原子力発電所・事故収束に向けた道筋」（以下「道筋」）によれば、「ステップ1」は放射線量が着実に減少傾向となっている状態の達成を意味します。「ステップ1」は「道筋」発表から３カ月後の2011年７月中旬に完了し、「ステップ2」に移行しました。また、「ステップ2」は、循環注水冷却を維持して原子炉圧力容器底部の温度を概ね100℃以下とし、放射性物質の放出が大幅に抑えられている状態の達成を意味します。「ステップ2」の完了したのが「ステップ1」完了から５カ月後の2011年12月中旬なのですが、「ステップ2」の完了をもって野田政権が「収束宣言」をしたのは、状況認識として間違っています。

野田前政権の「収束宣言」について安倍晋三政権は、「収束といえる状況にない」として同政権として「収束」という言葉を使わないと、原発事故収束を事実上撤回する考えを表明しています。しかし、財界の意を汲む安倍政権は運転停止中の既設原発の再稼働と原発輸出にあまりに熱心で、事故と真剣に向き合う姿勢が欠如していると指摘せざるを得ません。

さて、事故炉の廃止措置に向けた中長期ロードマップの問題です。政府と東京電力、メーカーなどでつくる廃炉対策推進会議は6月初め、廃止措置に向けた中長期ロードマップの改定案を発表しました。改定案は事故炉の状況を踏まえて、個別の作業スケジュールを初めて提示したものです。旧中長期ロードマップは、「ステップ2」完了後2年以内に貯蔵プールから使用済み燃料の取り出しを開始する（第1期）、第1期が終了し、「ステップ2」完了後10年以内に事故炉から燃料デブリ（溶融し再固化した燃料）の取り出しを開始する（第2期）、第2期が終了し、「ステップ2」完了後30～40年以内に廃止措置を終了する（第3期）、と事故炉の個別の状況を考慮していない一律のものでした。いわば机上の空論に過ぎないものでした。筆者は2013年3月に開催された某シンポジウムにおいて、旧中長期ロードマップは政府と東京電力、メーカーなどの中長期的な願望であって、科学的な計画とはほど遠いものであると批判しました。その意味では旧中長期ロードマップが改訂されたのは一歩前進であり、政府と東京電力、メーカーなどがようやく事故炉の廃止措置問題に真剣に向き合い始めたのだと考えています。

水素爆発により破損した原子炉建屋上部からの放射性物質の放出量低減を目的として2011年10月に建屋カバーを設置した1号機は、2013～2014年度にかけて同カバーを解体撤去します。その上でa）解体撤去した同カバーを改造して燃料取扱設備（天井クレーン、燃料取扱機）を造ることができるか、b）原子炉建屋の耐震安全性が確認できるかについて検討し、a）及びb）のそれぞれの成否に応じて貯蔵プールから使用済み燃料の取り出しと事故炉からの燃料デブリの取り出しについて、3通りのプランを用意しています。原子炉建屋の水素爆発による損傷はなかったものの建屋内の空間線量率が非常に高い２号機は、2013〜2014 年度にかけて建屋５階のオペレーティングフロアの汚染状況を調査します。その上でａ）オペレーティングフロアを除染し１ｍSv/時以下に低減させ燃料取扱設備の復旧ができるか、ｂ）原子炉建屋の耐震安全性が確認できるかについて検討し、それぞれの成否に応じて貯蔵プールから使用済み燃料の取り出しと事故炉からの燃料デブリの取り出しについて、３通りのプランを用意しています。原子炉建屋５階のオペレーティングフロアの空間線量率が非常に高い３号機は、2013 年度中に遠隔操作重機によるガレキ撤去とオペレーティングフロアの除染・遮蔽による線量率低減対策を行った上で、2013 〜 2015 年度にかけて燃料取り出しカバーを設置した後に貯蔵プールから使用済み燃料を取り出します。その後、同カバーを改造して燃料デブリの取り出しができるかについて検討し、その成否に応じて２通りのプランを用意しています。オペレーティングフロアの上部のガレキ撤去を 2012 年 12 月に完了し、現在燃料取り出しカバーの設置工事を実施中の４号機は、今後燃料取扱設備を設置し、2013 年 11 月に貯蔵プールから使用済み燃料の取り出しを開始し、2014 年末までに完了させる予定です。チェルノブイリ原発事故の際に巨大なコンクリート構造物で事故炉を燃料デブリごと封じ込めた石棺方式は採用せず、あくまでも燃料デブリを取り出すことを計画しています。いずれにせよ事故炉の廃止措置が終了するまでに 30 〜 40 年かかり、残念ながら筆者の生存中にそれを見届けることは無理なようです。

1.2　求められる放射性セシウム対策

残存するのは放射性セシウム

事故直後に事故現場から 200 キロメートル以上南の千葉市にある公益財団法人日本分析センターで測定された空間線量率を図 4.1 に示します。

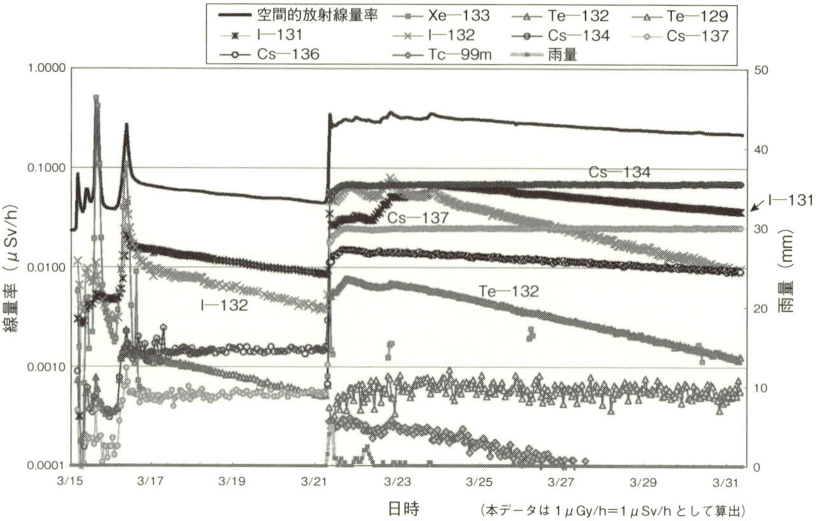

図 4.1　公益財団法人日本分析センターにおける空間線量率の測定結果（左縦軸：空間線量率（μSv/h)、右縦軸：降雨量（mm））

横軸は事故直後の 2011 年 3 月 15 ～ 31 日まで期間で、福島第一原発事故ではこの時期に大規模に放射性物質が放出されました。図の中の一番上の曲線は空間線量率で、その他の曲線は空間線量率の内訳を放射性物質別に示したものです。図から明らかなように、放射性希ガスのキセノン 133（半減期 5.25 日）と放射性ヨウ素（半減期 8.021 日のヨウ素 131 と同 2.295 時間のヨウ素 132)、放射性セシウム（半減期 30.17 年のセシウム 137 と同 2.065 年のセシウム 134 など)、テルル 132（同 3.204 日）という揮発性元素が中心です。ガンマ線しか測っていないため、ベータ線しか放出しない放射性ストロンチウム（半減期 50.53 日のストロンチウム 89 と同 28.79 年のストロンチウム 90）は入っていません。しかし、後述するように、放射性ストロンチウムはそもそも放出量が非常に少なく問題になりません。事故から 2 年以上経った現在も残存しているのは、主に放射性セシウム（セシウム 137 とセシウム 134）だけです。それ故、放射性セシウム対策が今一番求められることになります。

放射性ストロンチウムは無視できる

放射性ストロンチウムを心配する人びとがいます。図4.2は文部科学省の「第1次分布状況調査におけるセシウム137に対するストロンチウム90の沈着量の比率」を示したもので、横軸が表層土壌中のセシウム137沈着量、縦軸がストロンチウム90沈着量です。多くの調査箇所におけるストロンチウム90の沈着量は、セシウム137の沈着量の1000分の1あたりに集中しています。しかし、よく見ると、セシウム137沈着量が高い所ではストロンチウム90沈着量はセシウム137の1000分の1〜5000分の1、セシウム137沈着量が低くなるにつれてストロンチウム90沈着量はセシウム137の1000分の1〜100分の1、場所によっては数十分の1と、徐々にセシウム137に対するストロンチウム90の割合が高くなっているように見えます。

どういうことかというと、過去の大気圏内核実験によるストロンチウ

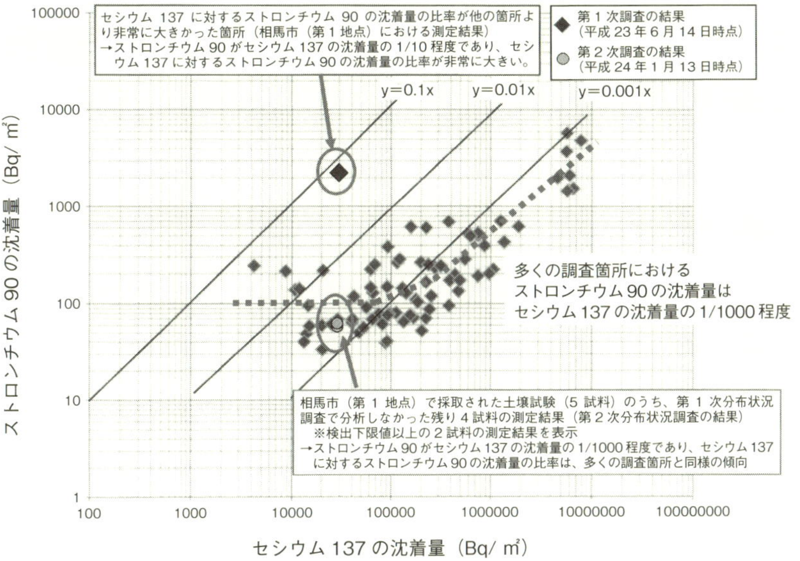

図4.2　セシウム137に対するストロンチウム90の沈着量の比率（図中点線のみ野口による挿入）

ム 90 の影響が当然あるからです。そこで簡単な仮定をして計算し、確認してみました。先ず、福島第一原発事故に起因する表層土壌中のストロンチウム 90 沈着量は、セシウム 137 の 2000 分の 1 の沈着量であると仮定しました。事故現場に近い飯館村、浪江町、大熊町、双葉町における事故直後の表層土壌の放射能分析結果から、ストロンチウム 90 はセシウム 137 の 1000 分の 1 ～ 5000 分の 1 の放射能濃度であることが分かっているからです。次に、大気圏内核実験に起因するセシウム 137 濃度は 1000 ベクレル /㎡であり、ストロンチウム 90/ セシウム 137 濃度比は 0.2 であると仮定しました。事故直前の 2010 年の日本各地 48 地点における表層土壌の平均セシウム 137 沈着量が 831 ベクレル /㎡、ストロンチウム 90/ セシウム 137 濃度比の平均値が 0.236 であることから、この仮定は読者も納得できるはずです。本来なら場所によってセシウム 137 沈着量もストロンチウム 90/ セシウム 137 濃度比もそれぞれ異なるのですが、場所によらず一律の値を採用したため、大雑把であることを承知の上で、上述ように大気圏内核実験に起因するセシウム 137 沈着量は 1000 ベクレル /㎡、ストロンチウム 90/ セシウム 137 濃度比は 0.2 と仮定したのです。このように仮定すると、表層土壌中の全セシウム 137 沈着量（横軸）と全ストロンチウム 90 沈着量（縦軸）との関係は、図 4.3 の中の●印の入った曲線のようになります。この曲線は、図 4.2 中のセシウム 137 とストロンチウム 90 の関係をほぼ再現しているといえます。要するに、表層土壌中のセシウム 137 沈着量が低くなるにつれてストロンチウム 90/ セシウム 137 濃度比が高くなる理由は、過去の大気圏内核実験に起因するストロンチウム 90 の影響だということです。ここでは事故に起因する表層土壌中のストロンチウム 90 沈着量は、セシウム 137 の 2000 分の 1 であると仮定しましたが、実際には飯館村、浪江町、大熊町、双葉町における事故直後の表層土壌の放射能分析結果は、ストロンチウム 90/ セシウム 137 濃度比は 1000 分の 1 ～ 5000 分の 1 なのです。その意味でも、福島第一原発事故ではストロンチウム 90

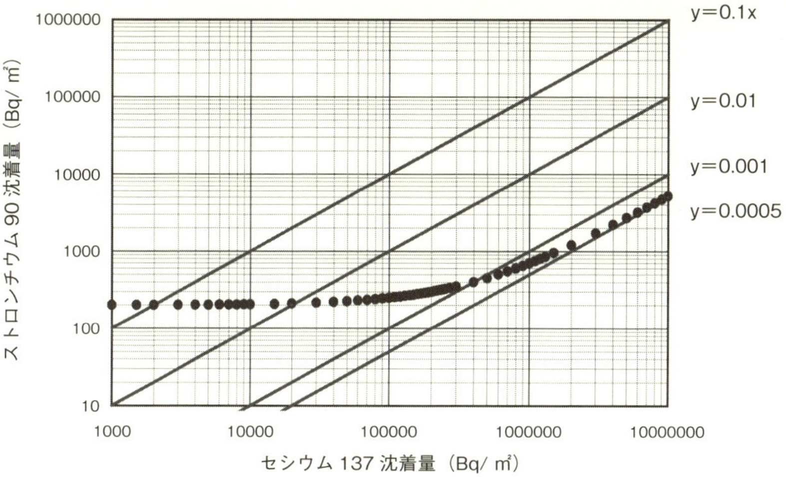

図 4.3　セシウム 137 に対するストロンチウム 90 の沈着量の比較
（●印は、大気圏内実験に起因するセシウム 137 沈着量とストロンチウム 90 沈着量をそれぞれ 1000 Bq/㎡と 200 Bq/㎡、福島第一原発事故に起因するセシウム 137 沈着量の 2000 分の 1 が同事故に起因するストロンチウム 90 沈着量と仮定した場合）

は問題にならず、放射性セシウム対策こそが今一番求められるということを強調したいと思います。

内部被ばく検査結果の意味するもの

安心してとどまり生活するためには、外部被ばく線量の低減が重要です。一般的には外部被ばく線量と内部被ばく線量の合計の総被ばく線量を下げることが重要ですが、実は事故から２年以上経った現在、内部被ばく線量について多数の実測データが発表されており、外部被ばくに比べると内部被ばくはほとんど問題にならないことが明らかだからです。たとえば、陰膳方式による食事調査や、ホールボディカウンターによる体内の放射性セシウム放射能調査によれば、福島県民の内部被ばく線量は最大で年 0.01 ～ 0.1 ミリシーベルト程度になり、総被ばく線量を低減するには、如何にして外部被ばく線量を低減するかが最重要課題です。

表 4.1　陰膳方式による内部被ばく検査

	中央値 （マイクロシーベルト / 年）			最大値 （マイクロシーベルト / 年）		
朝日新聞社・京都大学 （2011 年 12 月実施、53 家族）	23 （福島県人）	2 （関東人）	― （西日本人）	101 （福島県人）	61 （関東人）	3.6 （西日本人）
日本生活協同組合連合会 （2011 年 11 月～ 2012 年 3 月実施）	24 （18 都県 250 家族中、放射性セシウムが検出された 11 家族の中央値）			136		
日本生活協同組合連合会 （2012 年 5 月～ 9 月実施）	37 （18 都県 334 家族中、放射性セシウムが検出された 3 家族の中央値）			47		

外部被ばく線量を低減する有効な対策は、除染以外にありません。それ故、除染がいま非常に重要な対策として求められているのです。

表 4.1 は、内部被ばくに関する陰膳方式の調査結果です。陰膳方式とは、調査対象の家族に同じ食事を 1 食分余分に作ってもらい、その食事に含まれる放射性セシウム量を何日分かまとめて放射能分析を行い、家族 1 人当たり 1 日に平均して放射性セシウムをどれだけ食べているかを調査する方法です。これまでに朝日新聞社・京都大学医学部の小泉昭夫教授グループ、日本生活協同組合連合会、福島県などが実施しており、有益な実測データを発表しています。

2012 年 1 月に発表された朝日新聞社・京都大学医学部の小泉昭夫教授らの共同調査結果（全 53 家族のうち福島県 26 家族）は、実際の調査時期は 2011 年 12 月 4 日で、この時期の福島県民 1 人当たりが食する食品の放射性セシウムは 1 日当たり中央値が 4.01 ベクレル、最大値が 17.30 ベクレルでした。この放射能量を毎日、連続して 365 日間食べ続けると、中央値の場合は年間 0.023 ミリシーベルト、最大値の場合は年間 0.099 ミリシーベルトとなりました。ちなみに測定の検出限界値は、セシウム 137、セシウム 134 ともに 1kg当たり 0.09 ～ 0.36 ベクレルです。国際放射線防護委員会（ICRP）の勧告する一般人の被ばく線量は年間 1 ミリシーベルト（自然放射線と医療に起因する被ばくを除く）、あるいは体内に存在する天然放射性核種であるカリウム 40 に起因する内部被ばくが年間0.17ミリシーベルトほどであることを考えると、事故に起因する内部被ばくが福島県民でさえ低い水準にあることを示した点で、調査した家族数は決して多くないのですが、非常に重要な実測データであると筆者は思います。

日本生活協同組合連合会（日本生協連）の陰膳方式の調査は、時期を変えて繰り返し調査している点で非常に優れています。食品中の放射性セシウム濃度は時間経過にともなって減少すると考えられるからです。継続的に調査することが必要です。2012年4月に日本生協連が発表した陰膳方式の調査結果によれば、2011年11月～2012年3月までに調査した18都県250家族（福島県100家族を含む）のうち、食事から放射性セシウムが検出されたのは11家族（福島県10、宮城県1）で、他の239家族は検出されませんでした。11家族のうち1人当たりが食する食品の放射性セシウムは1日当たり中央値が4.13ベクレル、最大値が23.71ベクレルでした。この放射能量を毎日、連続して365日間食べ続けると、中央値の場合は年間0.023ミリシーベルト、最大値の場合は年間0.136ミリシーベルトとなりました。ちなみに日本生協連の調査は2日分の食事で行っており、測定の評価限界値はセシウム137、セシウム134ともに1kg当たり1ベクレルです。

日本生協連が2012年5月～2013年2月までに調査した18都県456家族671サンプル（福島県157家族200サンプルを含む）では、食事から放射性セシウムが検出されたのは12サンプル（福島県9、宮城県2、東京都1）で、他の659サンプルは検出されませんでした。12サンプルのうち1人当たりが食する食品の放射性セシウムは1日当たり中央値が6.33ベクレル、最大値が9.45ベクレルでした。この放射能量を毎日、連続して365日間食べ続けると、中央値の場合は年間0.036ミリシーベルト、最大値の場合は年間0.053ミリシーベルトとなりました。2011年度と2012年度の調査結果を見れば、食事から放射性セシウムが検出されなかった割合は96.5％から98.2％に増加し、1人当たりが食する放射性セシウムの最大値は23.71ベクレルから9.45ベクレルに減っていることが分かります。また、事故に起因する内部被ばく線量は、一般人についての国際勧告値である年間1ミリシーベルトよりはるかに低い水準にあることも明らかでしょう。

次に、ホールボディカウンターによる体内放射性セシウム検査結果について紹介します。ホールボディカウンターとは、体内に存在する放射性核種から放出されるガンマ線を体外から測定する装置のことで、ヒューマンカウンターとも呼ばれています。人体を透過して体外に出てくる放射線はガンマ線しかないため、アルファ線やベータ線しか放出しない放射性核種の場合、ホールボディカウンターは利用できません。ただ、福島第一原発事故の場合、前述のように現在残存する放射性核種はほぼ放射性セシウムに限られるため、ホールボディカウンターによる体内放射性セシウム検査結果は非常に重要です。

ここでは有名な南相馬市立総合病院のホールボディカウンターの検査結果について紹介しましょう。図4.4の横軸は体重1kg当たりの放射性セシウム濃度、縦軸は全検査数の中で占める割合です。南相馬市は旧警戒区域、旧計画的避難区域といった避難指示区域が含まれていた市であり、2012年4月に行われた避難指示区域の見直しにより、現在は帰還困難区域、居住制限区域、避難指示解除準備区域が含まれる市です。中通り地方の市町村と比較すると、相対的に汚染の程度は高い市です。

2011年9～12月の体内放射性セシウム測定では、60%強の子どもが検出限界以下、残りの40%弱の子どもから放射性セシウムが検出されていました。2012年1～3月の検査では、98%の子どもが検出限界以下で、放射性セシウムが検出された子どもは2%でした。2012年4～9月の測定では、99.8%の子どもが検出限界以下でした。検出限界値以下の子どもの割合が増えているだけでなく、放射性セシウムが検出された子どもの放射能濃度も低下しています。検出された中で最も頻度の高かったのは体重1kg当たり5～10ベクレルでした。こうした傾向につ

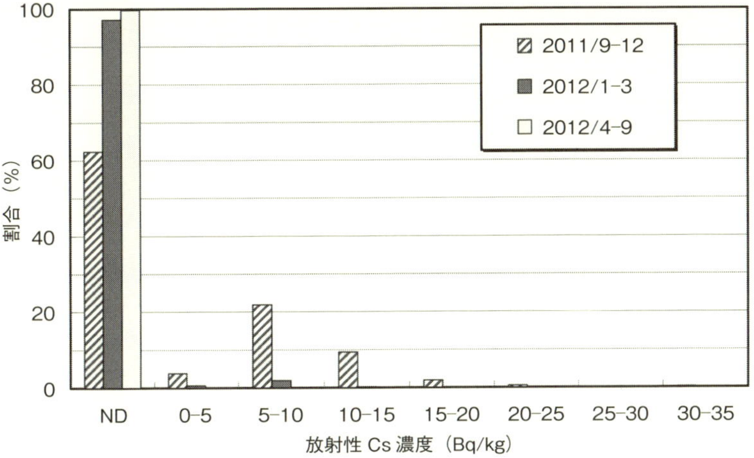

図 4.4　南相馬市立総合病院におけるホールボディカウンターによる中学生以下の子どもの体内放射性セシウム検査結果

いては、同市の大人のホールボディカウンターによる検査結果もまったく同様です。天然放射性核種であるカリウム 40 は体重 1kg当たり 60 ベクレルほど存在することを考えれば、現在ごく僅かながら体内放射性セシウムが検出されている人も、ほとんど問題になりません。陰膳方式によるデータも併せて考えれば、幸いにして内部被ばく線量は当初心配されていたよりだいぶ低いといってよいと思います。その意味では内部被ばく線量よりも数十〜数百倍も高い外部被ばく線量を低減することが、今何よりも優先されなければなりません。外部被ばく線量を低減する対策は除染なのですが、除染については第３章で述べましたので、ここでは繰り返しません。

1.3　福島県の子どもの甲状腺超音波検査結果をどう見るか

福島県民健康管理調査について

東日本大震災と福島第一原発事故により多くの県民が健康に不安を抱

えている状況を踏まえ、福島県は現在、長期にわたって県民の健康を監視し、将来にわたる健康増進につなぐことを目的とした「県民健康管理調査」を実施しています。県民健康管理調査として実施されているのは、「基本調査（問診票による外部被ばく線量の把握）」と「詳細調査（健康状態の把握）」です。なお、県民健康管理調査は実際には、福島県から業務委託された福島県立医科大学が中心となり実施しています。

基本調査は、福島第一原発事故後、空間線量率が最も高かった事故当初4カ月間（2011年3月11日―7月11日まで）の外部被ばく線量を推計するため、全県民を対象に問診票の行動記録にもとづき、独立行政法人放射線医学総合研究所の開発した評価方式により評価するものです。2013年3月31日現在、全県民205万6994人のうち23.2％にあたる48万1423人から問診票の回答が寄せられ、回答者数48万1423人のうち87.4％にあたる42万543人分の推計作業が完了しています。ちなみに放射線業務従事経験者を除く住民41万1922人のうち最高値は相双地域の住民で25 m Sv、全体の66.0％が1 m Sv未満、99.8％が5 m Sv未満であったといいます。

詳細調査は、①甲状腺超音波検査（2011年3月11日時点で0－18歳の福島県民を対象に実施）、②健康診査（県民の健康を監視し、将来にわたる健康増進につなぐことを目的として実施）、③こころの健康度・生活習慣に関する調査（県民のこころとからだの健康状態や現在の生活習慣などを把握し、適切なケアを提供することを目的として実施）、④妊産婦に関する調査（妊産婦の健康状態等を把握し、当人が健康管理に役立てることを目的として実施）、からなります。調査結果の概要は随時、福島県のホームページで更新され閲覧できるため、ここでの紹介は省略します。

チェルノブイリ原発事故と甲状腺がん

1986年4月26日に発生した旧ソ連チェルノブイリ原発事故後に明ら

かになった健康被害として国際的に広く認められているのは、放射性ヨウ素の内部被ばくによるチェルノブイリ原発周辺地域における小児甲状腺がんです。同事故から25年後の2011年、原子放射線の影響に関する国連科学委員会報告書（UNSCEAR 2011 Report）は、ベラルーシ、ロシア連邦の最もチェルノブイリ原発事故の影響を受けた４地域及びウクライナの子どもや10代の若者のうち6000人以上が甲状腺がんになり、このうち15人が死亡したと報告しています。

チェルノブイリ原発周辺地域で小児甲状腺がんが多発した理由として、次のような事柄が指摘できると思います。①事故情報が事故直後の数日間隠されていたため、最も有効な甲状腺線量低減対策である安定ヨウ素剤の服用が決定的に遅れたことです。たとえば、事故の５日後の５月１日、事故現場から130㎞南のウクライナの首都キエフ市で日本人旅行者は市民とともに雨の中でメーデーの行進を見物し、同月５日に汚染された状態で帰国しています。汚染の程度は健康影響を与えるものではなかったものの、この事実は５月１日時点でチェルノブイリ原発のあるウクライナでさえ、多くの国民は同事故について実質的に何も知らされていなかったことを意味します。②事故情報が事故直後の数日間隠されていたため、その他の緊急時対策も決定的に遅れ、放射性ヨウ素で汚染された空気の吸入摂取、飲食物の経口摂取により体内に多量の放射性ヨウ素を取り込んだことです。たとえば、旧ソ連国内で１リットル当たり3700 Bq以上の放射性ヨウ素で汚染された牛乳の摂取が禁止されたのは、事故５日後の５月１日のことでした。同事故から２～３日後の時点において、ウクライナ中央部やベラルーシ南部では規制値の10～100倍以上の濃度の放射性ヨウ素が牛乳から検出されていたことが分かっています。③チェルノブイリ原発のあるウクライナはヨーロッパ大陸の内陸部に位置し、いわゆるヨウ素欠乏地帯でした。そのためヨウ素欠乏に起因する地方性甲状腺腫の多発地域でもあり、体内に取り込まれた放射性ヨウ素がおそらく通常よりも高い割合で甲状腺に移行しやすい状況にあったと推測できます。④一般的に、同じ放射能量の放射性ヨウ素を体内に取り込んだ場合、成人よりも小児の方が甲状腺線量（預託等価線量）はずっと高くなるため、放射線影響を受けやすかったことです。

こうした事情もあって福島第一原発周辺地域でも小児甲状腺がんが多発するのではないかと危惧されていますが、以下に記す理由により、筆者は小児甲状腺がんが多発する可能性は非常に低いと考えています。①チェルノブイリ原発事故と福島第一原発事故による大気中へのヨウ素131の放出量はそれぞれ180万テラベクレル（1テラベクレル＝1兆ベクレル）と15万～16万テラベクレルと評価されており、福島第一原発事故によるヨウ素131放出量はチェルノブイリ原発事故の10分の1以下であることです。加えて、②福島第一原発事故で大気中に放出された放射性セシウムや放射性ヨウ素の70～80％は海洋に降下したと評価されていることから、放射性ヨウ素による人への影響はさらに小さくなると推測できることです。実際、規制値（1kg当たり300ベクレル）を超える原乳の出荷・摂取制限が実施された直後の福島県では、原乳から検出された放射性ヨウ素の最高濃度は1kg当たり5300ベクレル、次いで5200ベクレル、2600ベクレルと続きますが、2000ベクレルを超えて汚染された原乳は3件のみでした。前述の如く、ウクライナ中央部やベラルーシ南部では牛乳の摂取制限が実施される以前に規制値（1リットル当たり3700ベクレル）の10～100倍以上の濃度の放射性ヨウ素が検出されていたことを考えると、福島県の子どもの甲状腺線量はチェルノブイリ原発事故周辺地域の子どもより非常に低いと予想できます。さらに、③甲状腺の内部被ばくについての実測データは多くはないものの、甲状腺スクリーニング検査（いわき市、川俣町、飯舘村の0－15歳の小児1080人分）及びホールボディカウンタ（WBC）の測定で得られた放射性セシウムによる預託実効線量分布（双葉町、大熊町、富岡町、楢葉町、広野町、浪江町、飯舘村、川俣町、川内村の成人3128人分）と摂取量比（$^{131}I/^{137}Cs = 3$）から、福島県民の甲状腺線量（預託等価線量）

は中央値として10ミリシーベルト未満、比較的高い地域（浜通り）でも90パーセンタイル値は30ミリシーベルト程度であると推計されることです。こうした甲状腺線量の評価値は、床次真司弘前大学教授グループによる独立した評価値（南相馬市と浪江町の住民62人の最大値33ミリシーベルト）ともよく一致しています。一方、ベラルーシ南部に位置するチェルノブイリ原発周辺地域の小児甲状腺線量は、中央値が福島の最大値の10倍以上、その最大値は福島の最大値の300倍以上であるという、ベラルーシ国立甲状腺がんセンター長のユーリ・E・デミチクらの報告があります。④事故直後にSPEEDI（緊急時迅速放射能影響予測ネットワークシステム）のシミュレーション結果が利用されなかったことなど政府の対応に問題があったとはいえ、放射性ヨウ素の規制値は牛乳・乳製品では1kg当たり300ベクレルと、チェルノブイリ原発事故時に旧ソ連政府が設定した規制値（1リットル当たり3700ベクレル）の12分の1以下であったことです。日本政府が福島第一原発事故時に設定した暫定規制値は2011年3月17日に通知されましたが、放射性ヨウ素の約90%は3月14日21時－15日6時頃に大気中に放出されたと評価されていることを考え併せると、チェルノブイリ原発事故時の旧ソ連政府の対応よりはるかに速い対応といえます。

甲状腺の超音波検査結果

2011年度及び2012年度（2013年3月31日分まで）の甲状腺超音波検査結果の集計を表4.2に示した。現在実施されているのは、あくまでも小児の甲状腺の状態を把握するための先行調査（現状確認調査）です。この先行調査結果と甲状腺への放射線影響が現れるかも知れない2014年度以降の検査（本格検査）結果とを比較することにより、甲状腺への放射線影響の有無を把握し適切に対処しようというわけです。

福島県内外で昨年来話題になっているのは、全体の99%以上を占めるA判定（正常を意味する）のうちA_2判定が40%前後もあることで

表 4.2　福島県の小児の甲状腺超音波検査結果の概要

検査実施総数			2011 年度			2012 年度		
			40,302 人			134,074 人		
判定結果		判定内容	人数	割合（%）		人数	割合（%）	
A 判定	A_1	結節や嚢胞を認めなかったもの	25,670	63.7	99.5	73,393	54.7	99.3
	A_2	5.0㎜以下の結節や 20.0㎜以下の嚢胞を認めたもの	14,427	35.8		59,746	44.6	
B 判定		5.1㎜以上の結節や 20.1㎜以上の嚢胞を認めたもの	205		0.5	934		0.7
C 判定		甲状腺の状態等から判断して、直ちに二次検査を要するもの	0		0.0	1		0.001

す。保護者の立場からすれば、A_2 判定とはＢ判定の一歩手前であり、わが子が A_1 判定ではなく A_2 判定であるということに対して、やはり不安の気持ちが先立つはずです。もっとも、時間経過に伴って嚢胞は大きくなることも、吸収されて小さくなることも、消失することもあるそうですから、A_2 判定はＢ判定の一歩手前という理解の仕方がそもそも正しくないらしい。また、最近の超音波検査装置の検出能力の向上により、一昔前には見つけることのできなかった小さな嚢胞や結節を見つけることができるようになっていることもあります。

環境省によれば、現在福島県で実施されている甲状腺超音波検査のような大規模かつ高い精度の調査は世界初の試みであるといいます。こうした事情により、超音波検査装置を使った過去の甲状腺検査結果は比較対象にならないそうです。そのため環境省によって新たに計画されたのが福島県外の３県（青森県弘前市 1,630 人、山梨県甲府市 1,366 人、長崎市 1,369 人）の３～15 歳の子ども 4,365 人の甲状腺超音波検査です。

甲状腺超音波検査は、NPO 法人日本乳腺甲状腺超音波医学会への委託事業として 2012 年 11 月～ 2013 年３月に実施されました。その結果は、Ａ判定 4,321 人（全体の 99.0％）、Ｂ判定 44 人（同 1.0％）、Ｃ判定０人（同 0.0％）でした。また、Ａ判定者のうち A_1 判定は 1,852 人（同

42.4％）、A_2判定は2,469人（同56.6％）でした。この結果を見れば、福島県の子どもの甲状腺検査結果でA_2判定が異常に多いとはいえず、むしろ他県と変わらないといえるのではないでしょうか。それ故、現在までに福島第一原発事故に起因する子どもの甲状腺への放射線影響は現れていないと筆者は考えています。もちろん、これは将来にわたって甲状腺への放射線影響は現れないことを意味するものではないことも確かです。

継続的な超音波検査の実施を冷静に見守ろう

一般に、甲状腺線量が低くなると甲状腺がんの潜伏期間が長くなることから、福島原発周辺地域の小児甲状腺がんが現れるのはチェルノブイリ原発事故周辺地域で発症した最短潜伏期間４年より長くなると思います。また、その甲状腺線量から推定すると、おそらく統計的に有意な小児甲状腺がんの増加はないと思っていますが、予断を持たずに福島県立医科大学には先行調査と本格検査を実施することを願っています。

福島県は今年５月、2012年度までにＢ判定とされた人の中から12人が甲状腺がん、16人にその疑いがあると発表しました。早速「通常なら100万人に１人の割合なのに17万人の調査で12人の小児甲状腺がんは異常」などという主張がネット上で飛び交っています。しかし、現在の高精度の超音波検査装置による検査結果と触診などにもとづく過去の検査結果（100万人に１人）とを比較すること自体が、そもそも間違っています。被ばくとは無関係の甲状腺がんが見つかったとする福島県立医科大学の説明は、その通りであると筆者も思います。それだけに福島県と同県立医科大学は現在までに得られた検査結果を県民にもっと丁寧に説明しなければならないのではないでしょうか。また、国民も冷静に検査結果を受け止める必要があるのではないでしょうか。

（注）2013年6月、県民健康管理調査検討会において、同年5月27日現在の甲状腺検査結果が福島医科大学により報告された。この間の検査数は175,499人である。細胞診結果によれば、悪性または悪性の疑いのある患者が28人いた。震災時の年齢は1人が9歳、他の27人は11歳以上であるという。年齢の小さな子どもほど放射線感受性が高く発症しやすいということからすれば、放射性ヨウ素による被ばくとの関係はないと考えざるを得ない。「現時点で放射線の影響が明らかにあるものではない」と原発事故との関連を否定する県民健康管理調査検討会の見解を筆者は妥当なものであると受け止めている。

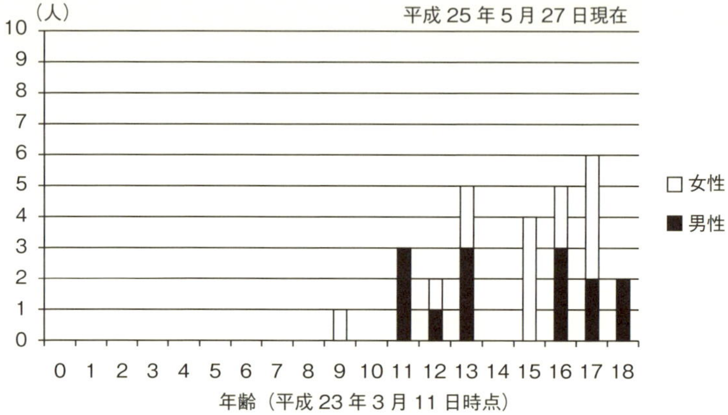

図4.5　細胞診で悪性および悪性疑いであった28例の年齢、性分布

2.　まだまだ遠い事故終息・廃止措置

舘野　淳◀

2.1　中長期ロードマップの実施

前節で述べたとおり今、福島の事故現場では増大を続ける汚染水が重大な問題となっており、収束どころか悪くすると破たんにもつながりかねない。しかし汚染水問題は炉心デブリ（溶融して溶岩のように固まった炉心）を冷却する過程で生じたトラブルであり、収束作業の本筋は、以下に述べる炉心取出しをはじめとした事故終息スケジュールをとりこんだ「中長期ロードマップ」を実行することにある。中長期ロードマップとはどのようなものだろうか。

図 4.6 は 2011 年 11 月に「政府・東京電力中長期対策会議」で決定された（その後若干の改定が加えられた）ロードマップの概要図である。ロードマップの前段階である①冷温停止状態（原子炉底部温度 15 ～ 35℃）、②放射能放出の大幅抑制（敷地境界被ばく線量で 0.03 m Sv/ 年）をほぼ達成したとして、現在図に示した第１期が開始されている（ただし炉心冷却確保の結果、上述のように大量の汚染水が発生）。

新たに発足した原子力規制委員会は 2012 年 12 月 7 日福島第一原子力発電所を「特定原子力施設」に指定した。この制度は新規制委員会発足に基づく原子炉等規制法改定に際して盛り込まれたもので、指定すると国は事業者に廃炉までの作業の実施計画の提出や変更を求めることができる。

さらに 2013 年 2 月政府は上記「中長期対策会議」を廃止して、代わりに「東京電力福島第一原子力発電所廃炉対策推進会議」（以下「推進会議」）を発足させた。議長は経済産業大臣、委員は文部科学省副大臣、東電やメーカーの社長、日本原子力研究開発機構理事長などからなる。事故終息・廃炉に向けて各部門の最高責任者を集めた会議といってよいだろう。

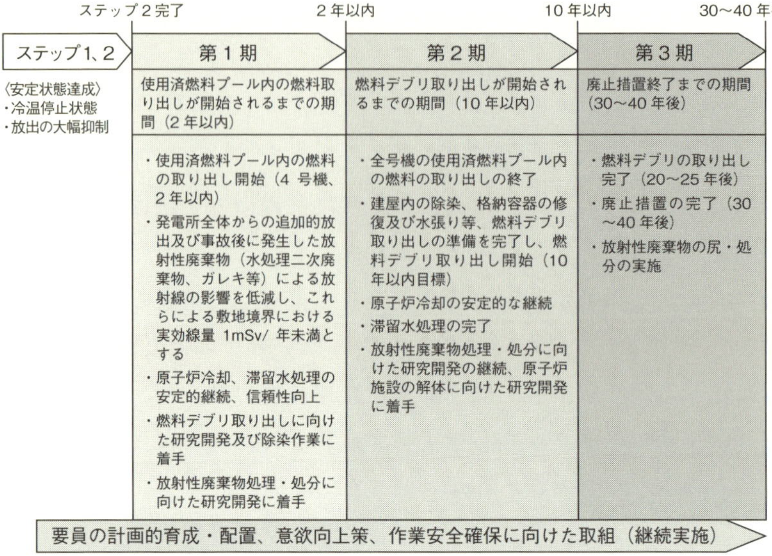
ステップ２完了
２年以内
10年以内
30～40年後
ステップ1、2
〈安定状態達成〉
・冷温停止状態
・放出の大幅抑制
第１期
使用済燃料プール内の燃料取り出しが開始されるまでの期間（２年以内）
・使用済燃料プール内の燃料の取り出し開始（４号機、２年以内）
・発電所全体からの追加的放出及び事故後に発生した放射性廃棄物（水処理二次廃棄物、ガレキ等）による放射線の影響を低減し、これらによる敷地境界における実効線量 1mSv/ 年未満とする
・原子炉冷却、滞留水処理の安定的継続、信頼性向上
・燃料デブリ取り出しに向けた研究開発及び除染作業に着手
・放射性廃棄物処理・処分に向けた研究開発に着手
第２期
燃料デブリ取り出しが開始されるまでの期間（10年以内）
・全号機の使用済燃料プール内の燃料の取り出しの終了
・建屋内の除染、格納容器の修復及び水張り等、燃料デブリ取り出しの準備を完了し、燃料デブリ取り出し開始（10年以内目標）
・原子炉冷却の安定的な継続
・滞留水処理の完了
・放射性廃棄物処理・処分に向けた研究開発の継続、原子炉施設の解体に向けた研究開発に着手
第３期
廃止措置終了までの期間（30～40年後）
・燃料デブリの取り出し完了（20～25年後）
・廃止措置の完了（30～40年後）
・放射性廃棄物の尻・処分の実施
要員の計画的育成・配置、意欲向上策、作業安全確保に向けた取組（継続実施）

図 4.6　中長期ロードマップの概要

同会議はこれまでの経緯と進捗状況を、以下のように総括している。(推進会議第１回議事録)

(ア)　使用済み燃料プールからの取出し開始は４号機については2013年11月開始をめざす。また格納容器内部調査を推進する。

(イ)　課題としては(1)増加する滞留水の総合対策、(2)要員確保、労働環境整備、など多くの問題がある。

(ウ)　燃料デブリの取出しに向けての建屋内の状況把握を行い、関係機関・関係企業とも協力して、(1)漏えい個所の調査・補修、取出し機器・装置の開発、(2)放射性廃棄物の処理・処分に向けた研究開発、を行っていく。

事態は深刻であるという言葉は使っていないが、問題が山積していることが判る。さらに詳細に課題・問題についてみてみよう。

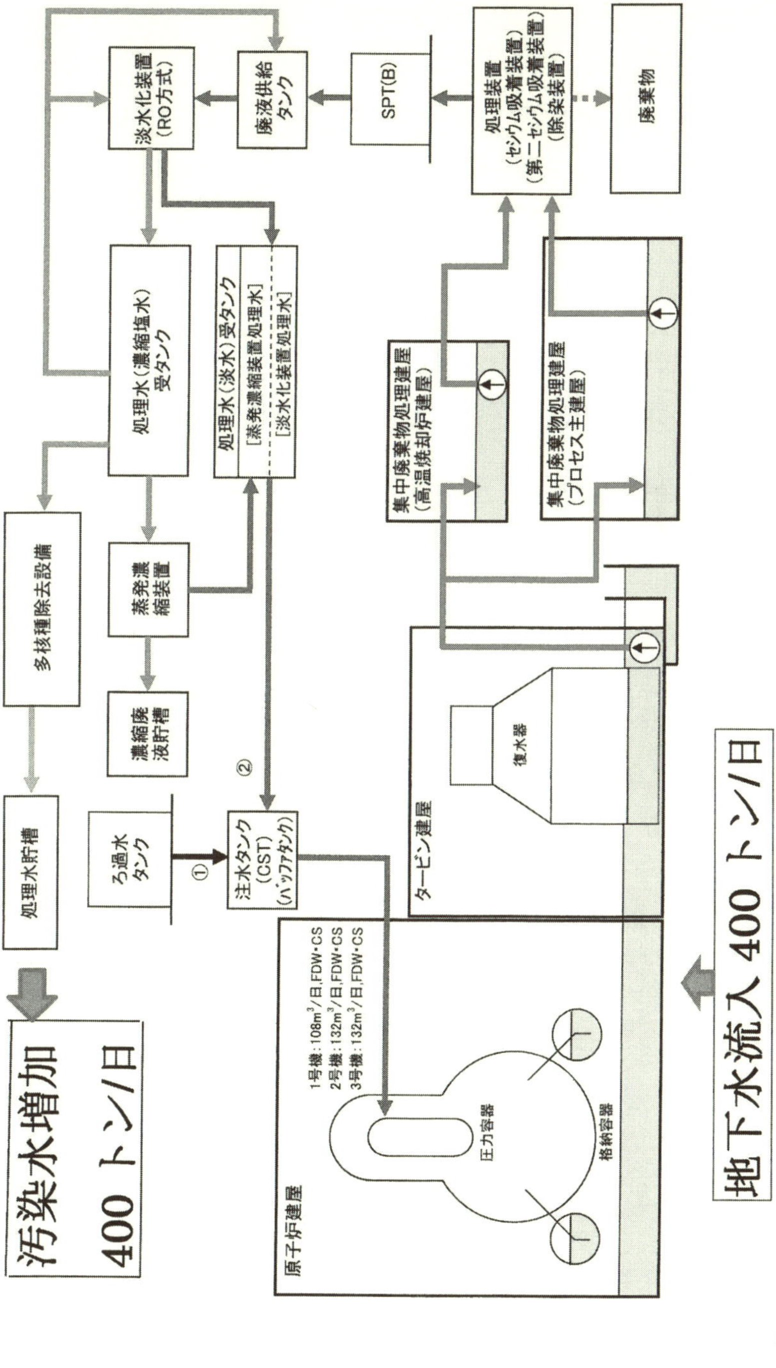

図 4.7　循環注水冷却システムと汚染水の増加

2.2 困難な問題の一つはトリチウム処理

地下水の流入によって毎日 400 トンずつ増え続ける汚染水、その対策をとらなければ終息どころか、漏出事故などにより敷地や地下水へと汚染が広がり手が付けられないことになる。またすでに 28 万トンに達し（2013 年 4 月現在）さらに増え続ける貯水槽中の汚染水の処理のめども立っていない。（汚染水問題については、3 章 8「福島原子力発電所の地下水は廃炉作業の死活問題」および第 4 章 1.1「福島第一原発のいま」参照。）

しかし、さらに深刻なのは汚染水中のトリチウムの問題である。現在循環冷却システムの中で、浄化装置「サリー」を通してセシウムを除去し、さらに多核種除去装置「アルプス」を通してその他の核種の除去を試みている。こうして除去したセシウムなどはスラリー（泥状の汚染物）としてタンクなどに貯蔵される。これを最終的にどう処分するかは問題であるが、少なくとも放射能は濃縮することができる。しかし、これらの装置を通しても除去できないのがトリチウム（三重水素、化学記号 T）である。タンクなどに貯蔵されている処理済み水のなかには 850 Bq/㎤～ 4200 Bq/㎤の濃度でトリチウムが含まれる。

トリチウムは半減期 12 年で β 線を出すが、化学的には水素 H と同じ性質なので H_2O の水素と置き換わって HTO のようなトリチウム水を作る。トリチウム水はまた科学的には普通の水と性質が同じなので、これを簡単に分離することはできない。さらに普通の水と同じ化学的性質であるので、生体中にも容易に取り込まれ、内部被ばくを起こす厄介な物質である。

スリーマイル島原発事故の処理にあたっても、汚染水が発生しその処理が問題となった。同事故に関する報告書〔ニュークレア・テクノロジー誌 Vol. 87（1989 年）〕によれば、汚染水はすべて蒸発処理された。その中のトリチウム濃度は 1.3×10^{-1} μCi/㎤（4810 Bq/㎤）、トータルで 1020 Ci（3.7×10^{13} Bq）である。

福島の汚染水も濃度的には上記スリーマイル事故の汚染水と同程度であるが、トータルとしてはどのくらいあるだろうか。今仮に4000 Bq/㎤の汚染水が20万トンあるとすると、8×10^{14} Bqとスリーマイルの20倍程度の値となる。これを蒸発処理するにしても、海に流すにしても厳しい世論の批判は免れがれない。トリチウムはいったん薄めれば濃縮することはできないのであるから。、現在のように地下水で汚染水をどんどん薄めて量を増やすような事故収束の方法はきわめて問題である。

2.3　格納容器破損個所の特定・修理

炉心デブリは今後数十年位わたって冷やしつづけなければならないが、それを現在のような原子炉・タービン建屋の床なども循環経路としている「大」循環冷却システムで行うと、地下水の流入や汚染は避けられない。そこで格納容器だけで循環する「小」循環システムを構築しなければならず、そのためには格納容器の破損漏えい個所を特定し修理することが必要である。特に２号機ではドーナッツ形の圧力抑制室と格納容器をつなぐベント管が破損しているとみられている。修理は高放射線下で行われることになるが、作業のための機器・技術の開発が必要となる。

2.4　燃料デブリの取出し

工程表によれば10年後（2023年）ごろから開始して、遅くとも25年後（2038年）ごろには終了するとなっている。溶けて固まった炉心（燃料デブリ）がどのような形態をしているかはわからないが、低圧で原子炉圧力容器から落下した場合は塊り状で、高圧で放出された場合は細かい粉末状で、格納容器の底にたまっていると考えられる。現在のところ格納容器の底を突き破っているとは思われないが、正確なところは不明である。取出しに際しては、塊り状の場合のほうが粉末状の場合よりも取り出しやすいと思われる。

いずれにしても、高放射線下の作業であるので、遠隔操作の機器やロボットなどが必要となるが、これらの機器の開発、運転員の訓練を行うために「実規模モックアップ・センター」の建設・整備を図るとしている。モックアップとは装置などをバラック状にくみ上げることを指す。

2.5　人材の確保と作業環境

「推進会議」の第１回会合で考慮すべき主要事項として、「労働環境の継続的改善―中長期的に継続して業務を遂行するための人材・体制を維持するため、熟練作業員や専門人材の育成、労働環境や就労条件の改善に継続的に取り組むこと。」と述べている。機器などの技術開発にしろ、現場での作業にしろ、人間が全てである。人が集まらなければ事故の収束などは不可能である。そのためには大学などでも事故終息を含めて技術開発のための人材育成に力を注ぐべきであるし、これまでの産官学癒着体制による開発とは縁を切った原子力の研究はいかにあるべきかについて、検討を重ねるべきであろう。

作業現場について言えば、何重もの下請けによる賃金の搾取などを避けるために、国が直接人を募集し教育し、給与を手渡し、放射線管理を行うような組織を作ってもよいのではないか。人材確保を中心とした事故収束に国がもっと全面的に乗り出す必要があるように考える。

2.6　中長期ロードマップの改定

2013 年 6 月 10 日東電は上記中長期ロードマップに若干の改定を加えた。主な変更点は原発ごとに炉心取出しスケジュールなどに関するより詳細なプログラム（たたき台）を作成したことである。どれほど信頼性があるかは不明であるが、以下に簡単に紹介しよう。使用済み燃料プール中の燃料や、燃料デブリの取出し作業は、当然内部の破損状況や汚染度によって違ってくる。この改訂版ではのような状況も考慮して、取出

し開始時期を設定している。(表 4.3)

表 4.3　改定中長期ロードマップに基づく燃料デブリ（溶融炉心）取出し時期

	1 号炉	2 号炉	3 号炉
状況・準備	使用済み燃料及びデブリ取出し設備を新設	水素爆発なし、建屋現在だが線量高 除染、既設設備利用	ガレキ、線量非常に高、燃料取出し施設など新設
使用済燃料取出開始	2017 年	2017 ～ 2023 年	2015 年
燃料デブリ取出開始	2020 ～ 2022 年	2020 ～ 2024 年	2021 ～ 2023 年

注）4 号機については使用済燃料取出し開始：2013 年 11 月、完了：2014 年末ごろ

おわりに

どのような事故でも、事故が起これば、先ず事故の収束に全力が注がれ、次いで事故の原因や影響に関する徹底した調査が行われ、次いでこうした調査結果を基にした再発防止が図られるのが、文明国の常識である。例えばどこかの国であったように鉄道事故の現場を直ちに土で埋めてしまうようなことでは、文明の機器を導入したとしても、文明国とは言えない。

未曾有の災害をもたらした福島原発事故の事故調査や、事故収束作業の現場で多くの人たちが多大の努力を払ってきたこと（今も払いつつあること）は認める。しかし、そこに本当の意味で科学的な筋が一本通っているのがどうか。「政治や経済の論理」に負けて腰が引けているのではないか。再稼働優先の論理がまかり通っているのではないか。この意味で我々が文明国であるかどうかがいま問われているのではないだろうか。こうした観点から、今の福島の現場を見つめなおす必要があるという思いで、日本科学者会議原子力問題研究委員会のメンバーにより共同執筆されたのがこの『現在進行形の福島事故』である。

連日事故関連のニュースが流された、2011年の事故当時と異なり、現在の福島原発の状況はあまり知られていない。筆者も現場の状況を説明した席上で「なぜ汚染水が増えているのかやっとわかりました。」と何回か言われた経験がある。そもそも汚染水が増加して敷地を蔽う汚染水タンクが増殖している状況を収束作業といえるのか。収束というより、破たんに近づいている可能性はないのか。地元の人々の不安にこたえるためにも、国（や東電）は、わが国の最高水準の科学技術的知恵を総動員して、収束計画そのものの抜本的見直しも含めて全力で事故対応にあたるべきであろう。危機意識が不足しては、事故当時と同じくまた後手、後手に回るのではないか。（この「おわりに」執筆の時点で政府は「1日300トンの汚染水が海に流出している。」と発表した。）

本書が多くの人々の目を現在の福島の事故現場に向けるきっかけとなれば幸いである。

舘野　淳

● Profile

青柳長紀

1937 年　東京都生まれ 。1962 年　東京都立大学物理学科卒業 。元日本原子力研究所勤務 、研究用原子炉の運転、技術管理、原子炉物理学の研究等に従事。1997 年　元日本原子力研究所退職。現在、日本科学者会議原子力問題研究委員会委員、原子力問題情報センター常任理事、非核の政府を求める会常任世話人 。「暴走する原子力」（共著）　リベルタ出版、「東海村臨界事故」（共著）　新日本出版社　など。

児玉一八

1960 年福井県武生市生まれ。1984 年金沢大学大学院理学研究科化学専攻修士課程修了、1988 年同医学研究科生理系専攻博士課程修了。医学博士、理学修士。現在、核・エネルギー問題情報センター理事、原発問題住民運動全国連絡センター代表委員。著書に『活断層上の欠陥原子炉　志賀原発―はたして福島の事故は特別か』東洋書店、2013 年。

小林昭三

1942 年茨城県生。1971 年名古屋大学大学院理学研究科物理学専攻・博士課程修了（理学博士）。新潟大学名誉教授。日本科学者会議原子力問題研究委員会委員。ブックレット：『恐るべき柏崎刈羽原発の危うさ』（新潟自治体研究所・2012 年)、『私たちは原発と共存できない』（合同出版社・2013 年)。

清水修二

1948 年東京都生まれ。1980 年京都大学大学院経済学研究科博士課程単位取得満期退学。福島大学経済経営学類教授。日本科学者会議原子力問題研究委員会委員。主な著書『差別としての原子力』（リベルタ出版、1994 年）『原発になお地域の未来を託せるか』（自治体研究社、2011 年）『原発とは結局なんだったのか』（東京新聞、2012 年）

立石雅昭

「08 年から新潟県「原子力発電所の安全管理に関する技術委員会」ならびに「地震・地質、地盤に関する小委員会」委員をつとめるとともに、原発の耐震安全性を中心に各地の住民とともに活動を続けている。11 年 3 月に新潟大学を停年退職。専門分野は地質学、堆積学。主な著書：「原発震災の論点」（共著、新日本出版社、2011 年)、「地震と原子力発電所」（共著、新日本出版社、1997 年)」

舘野　淳

1936 年旧奉天市生まれ。1959 年東京大学工学部応用化学科卒業。工学博士。日本原子力研究所員、中央大学商学部教授を経て現在核・エネルギー問題情報センター（NERIC）事務局長。著書に『廃炉時代が始まった』、『シビアアクシデントの脅威―科学的脱原発のすすめ』、『「原発ゼロ」プログラム』（共著）など。

野口邦和

1952 年千葉県生まれ。1977 年東京教育大学大学院理学研究科修士課程修了。現在、日本大学准教授、日本科学者会議原子力問題研究委員長。理学博士。専門は放射線防護学。福島原発事故後、福島大学客員教授、本宮市と二本松市の放射線関連アドバイザーを務める。『放射能からママと子どもを守る本』（法研)、『登山道と放射線』（桐書房）など著書多数。

林　弘文

1936年中国（旧満州）生まれ。1959年岡山大学理学部物理学科卒業。1964年名古屋大学理学研究科博士課程修了。2000年静岡大学教育学部定年退職。静岡大学名誉教授。専門：環境物理学。著書『地球環境の物理学』（共著、共立出版、2000年）、『地震と原子力発電所』（共著、新日本出版、1997年）。

本島　勲

東京都出身。電力中央研究所にてダムや発電所などの電力施設及び原子力発電所、高レベル放射性廃棄物の地層処分などにかかわる地下水工学の技術開発、課題に従事。1998年定年退職。工学博士（岩盤地下水工学）。現在、日本科学者会議原子力問題研究員会委員、核・エネルギー問題情報センター常任理事。

著書に『日本のエネルギー問題（共著）』『現代社会と科学者（共著）』など

山本富士夫

1940年福井県生。日本科学者会議会員。1963年福井大学工学部機械工学科卒業。1965年大阪大学大学院工学研究科修士課程修了。1979年工学博士。2001年福井大学大学院工学研究科長。2006年福井大学名誉教授。専門：流体力学（原子力配管内気液二相流、風車まわり、噴流の流動解析）

現在進行形の福島事故

―事故調報告書を読む、事故現場のいま、新規制基準の狙い―

2013年9月1日　第1版第1刷発行

編　集●日本科学者会議原子力問題研究委員会

発行者●比留川洋

発行所●株式会社　本の泉社

〒113-0033　東京都文京区本郷2-25-6

電話　03-5800-8494　FAX　03-5800-5353

E-mail：mail@honnoizumi.co.jp

URL.　http://www.honnoizumi.co.jp/

印　刷●新日本印刷株式会社

製　本●新日本印刷株式会社

定価は表紙に表示してあります。落丁・乱丁本はお取り替えいたします。

ISBN978-4-7807-1121-9　C0036